高等学校艺术设计专业课程改革教材

手绘效果图快速表现技法

（第 3 版）

主　编　文　健　王　博　胡　娉

副主编　衣国庆　胡华中

清 华 大 学 出 版 社

北京交通大学出版社

·北京·

内 容 简 介

本书内容共分六章：第一章介绍手绘效果图快速表现技法的概念、特点、分类、工具及学习方法；第二章介绍手绘效果图快速表现技法的基础训练，主要从单体室内家具与陈设的线描、着色训练和快速透视法三个角度来阐述；第三章介绍家居空间手绘效果图快速表现技法，主要从玄关、客厅、卧室、餐厅、书房、厨房和卫生间等室内居住空间的设计表现来进行讲解；第四章介绍商业空间手绘效果图快速表现技法，主要从办公空间、餐饮空间和娱乐空间等公共空间的设计表现来进行讲解，并配有大量优秀商业空间手绘作品；第五章为手绘效果图快速表现技法的创作；第六章是优秀手绘效果图作品欣赏。

本书涉及范围广泛，内容详尽，理论讲解细致、严谨，条理清晰，语言朴实，图文并茂，可作为应用型本科院校和高职高专院校建筑学、室内设计、环境艺术设计和建筑装饰设计等专业的教材，还可以作为行业爱好者的自学辅导用书。

图书在版编目（CIP）数据

手绘效果图快速表现技法 / 文健，王博，胡娉主编. — 3 版. — 北京 ：北京交通大学出版社 ：清华大学出版社，2018.5（2022.6 重印）

（高等学校艺术设计专业课程改革教材）

ISBN 978-7-5121-3547-5

Ⅰ.① 手…　Ⅱ.① 文…　② 王…　③ 胡…　Ⅲ.① 建筑画 - 绘画技法 - 高等学校 - 教材

Ⅳ.① TU204.11

中国版本图书馆 CIP 数据核字（2018）第 091534 号

手绘效果图快速表现技法

SHOUHUI XIAOGUOTU KUAISU BIAOXIAN JIFA

责任编辑：吴嫦娥

出版发行：	清 华 大 学 出 版 社	邮编：100084	电话：010-62776969	http://www.tup.com.cn
	北京交通大学出版社	邮编：100044	电话：010-51686414	http://www.bjtup.com.cn

印 刷 者：艺堂印刷（天津）有限公司

经　　销：全国新华书店

开　　本：210 mm×285 mm　印张：11　字数：415 千字

版　　次：2018 年 5 月第 3 版　2022 年 6 月第 3 次印刷

书　　号：ISBN 978-7-5121-3547-5/TU・170

印　　数：5 001～7 500 册　定价：59.00 元

本书如有质量问题，请向北京交通大学出版社质监组反映。对您的意见和批评，我们表示欢迎和感谢。

投诉电话：010-51686043，51686008；传真：010-62225406；E-mail：press@bjtu.edu.cn。

序

我国的设计教育正进入一个飞速发展阶段，而在新形势下如何编写与之相匹配的教材已显得十分必要。在当前，各种艺术计算机设计制图软件的应用已成为各大艺术设计专业院校学生必须掌握的科目内容。然而，尽管计算机绘图给人带来了便捷，但计算机绘图没有手绘的基础，计算机绘制的效果图在质量上和品质上是要大打折扣的。特别是在规划方案起始阶段或概念规划阶段，手绘效果图最能充分体现出优势，因为它的快捷性、直观性及率真性，使"草图式"的设计方案能原汁原味地跃于纸上，生动的线条、简约的造型往往让人更有无限遐想的空间。

教材是传授知识内容、掌握知识要点的文本依据，具有继承传统和重构知识体系的双重使命，做好教材编写本身就是一项严肃而又艰难的工作。文健这本《手绘效果图快速表现技法》是一本高质量、高标准的教材，知识点由浅入深，内容详细丰富。其中涵盖了室内外效果图及工程装饰效果图，利用实例讲解设计要领，文字表达清晰明了。图片一百多幅，线条的生动性与技巧的娴熟性相结合，既有传统元素同时又具有很强的时代气息和创新意识，是一本集科学性、实用性、可读性和欣赏性于一体的教材。它对提升学生的设计能力和动手能力，加强学生的设计表达能力，开阔学生的设计思维将大有帮助。尤其是对环境艺术设计专业的广大在校学生和从事环境艺术设计的在职人员，本书都具有很好的参考价值。

我说文健是编写教材的专业户，因为他编写的教材几乎每本都很有市场，有些教材一版再版，很受广大读者尤其是在校学生的喜欢。本书是文健编写的第十本教材，长期以来在编写教材中，文健始终坚守严谨的治学态度、务实的工作作风，并把追求持续和完美作为自己的目标，这可能也是他编写的书有卖点的秘密所在。作为全国优秀教师和年轻的教授，文健一直是学校青年教师的中坚和骨干，在编写这本教材过程中，他为此付出了艰辛的劳动。本书既是文健扩充自身专业知识的积淀，同时也是他多年来教学经验的总结。

一本书不能解决你的所有问题，但本书一定能解决你的部分之需，我想这可能也是文健编写本书的最终目的之一。

盛希希
2018 年 4 月于广州美术学院

前　言

"手绘效果图快速表现技法"是室内设计和环境艺术设计专业的一门专业课。这门课程不仅可以丰富学生的设计构思，积累设计素材，还可以训练学生的艺术表现能力，为今后从事相关设计工作打下良好基础。

本书从单体室内家具与陈设的线描及着色训练、家居空间手绘表现、商业空间手绘表现和手绘创作四个角度，详细地阐述手绘效果图快速表现技法的基本概念、特点和训练方法。前2版图书深受市场欢迎，多年来被许多高校选作教材使用，在短短五年内销量100 000多册。本次再版，更新了部分设计图案，并融入最新设计理念，理论讲解细致、内容全面、条理清晰，注重理论与实践的结合，每章都有系统的训练方法和直观的练习资料，可以帮助学生更好地掌握该课程的学习要点。

本书语言朴实，深入浅出，训练方法科学有效，学生如能按照书中的方法训练，在短时间内就可以使自己的手绘效果图表现水平得到较大提高。本书所收录的大量精美图片资料具备较高的参考价值和收藏价值。本书可作为应用型本科院校和高职高专类院校艺术设计专业基础教材，也可以作为业余爱好者的自学辅导用书。

本书编写分工如下：第一、三、四章由文健编写，第二章由王博编写，第五、六章由胡娉编写，衣国庆和胡华中提供了书中部分示范手绘效果图。在编写过程中得到了广州城建职业学院建筑工程系广大师生的大力支持和帮助，在此表示衷心的感谢。由于编者的学术水平有限，本书可能存在一些不足之处，敬请读者批评指正。

限于版面原因，更多精美的手绘效果图表现图片，可通过扫描本书二维码，登录加阅平台来欣赏。

文　健

2018.5

目 录

第 一 章 手绘效果图快速表现技法概述

一、手绘效果图快速表现技法的概念

手绘效果图是指通过绘画的手段，形象而直观地表达设计意图的图纸。它具有很强的艺术感染力，观赏性较强。手绘效果图快速表现技法则是设计师通过徒手表现的方式，快速而准确地绘制手绘效果图的一种方法和技巧。

手绘效果图的表现需要绘制者具备良好的美术基本功和艺术审美能力，以便能将设计构思中的形式，直观而快速地表达出来。手绘的表现方式已经成为设计师表达情感、设计理念和表诉方案结果最直接的"视觉语言"。

手绘效果图不同于电脑效果图，电脑效果图真实感强，但制作时间长，成本高。手绘效果图的优势在于以下两个方面。其一，可以方便快捷地传达设计师的设计意图，将设计师心中所想的初步方案寥寥几笔，简单明了地表现出来，为下一步的深入方案设计做好准备。设计师用手绘效果图来表现自己的设计是最直接、最有效的方法。对于设计师来说，能够将自己的设计构思在短时间内迅速地转换成普通人一目了然的画面，是其设计能力的最好证明。手绘效果图已经成为设计师与非专业人员沟通最好的媒介和桥梁。其二，可以收集大量的创作素材，激发创作灵感，为今后的设计创作做好准备。优秀的设计师应该善于利用手绘效果图来表达思维，完善设计构思，创造出完美的设计作品。手绘能力的高低也在一定程度上体现着设计师专业水平的高低。

二、手绘效果图快速表现技法的特点

1. 设计性

手绘效果图的主要价值在于把大脑中的设计构思表达出来，手绘表达的过程是设计思维由大脑向手延伸，并最终艺术化地表现出来的过程。在设计的初始阶段，这种"延伸"是最直接和最富有成效的，一些好的设计想法往往通过这种方式被展现和记录下来，成为完整设计方案的原始素材。设计性是手绘效果图最重要的特点。现在许多设计师在努力提高手绘的艺术表现技巧，让画面看上去更加美观，这其实偏离了手绘效果图的本质。片面追求表面修饰，无异于舍本逐末，对设计水平的提高没有太大帮助。手绘效果图是与设计挂钩的，通过手绘的方式将各种构思的造型绘制出来，并进行分解和重组，创造出新的造型样式。这种设计的推敲过程才是设计创作的本源，也是手绘效果图应该表达的核心内容。

2. 科学性

手绘效果图是工程图和艺术表现图的结合体，它要求表达出工程图的严谨性和艺术表现图的美感。其中，前者是基础内容，后者是形式手段，两者相辅相成，互为补充。作为工程图的前身，手绘效果图具有严谨的科学性和一定的图解功能。如空间结构的合理表达、透视比例的准确把握、材料质感的真实表现等。只有重视手绘效果图的科学性，才能为下一步的深化设计和施工图绘制打下坚实的基础。

3. 艺术性

手绘效果图是设计师艺术素养与表现能力的综合体现，它以其自身的艺术魅力和强烈的感染力向人们传达着创作思想、设计理念和审美情感。手绘效果图的艺术化处理，在客观上对设计是一个强有力的补充。设计是理性的，设计表达则往往是感性的，而且最终必须通过有表现力的形式来实现，这些形式包括形状、线条和色彩等。手绘效果图的艺术性决定了设计师必须追求形式美感的表现技巧，将自己的设计作品艺术地包装起来，更好地展现给公众。正如英国文学家毛姆所说："伟大的艺术从来就是最富于装饰价值的。"

三、手绘效果图快速表现技法的分类

手绘效果图快速表现技法按表现内容可分为室内效果图快速表现技法和室外效果图快速表现技法；按表现方式可分为精细效果图快速表现技法和手绘概念草图。如图 1-1～图 1-5 所示。

图 1-1　室内效果图快速表现（吴世铿　作）

图1-2 室外效果图快速表现（严健 作）

图1-3 精细效果图快速表现（广州集美组 作）

图 1-4 手绘概念草图（1）（文健 作）

图 1-5 手绘概念草图（2）（广州集美组 作）

四、手绘效果图快速表现技法的工具

好的工具是画好一幅手绘效果图的前提，"巧妇难为无米之炊"，没有好的工具做保证，技术再高的设计师也只能望图兴叹。手绘表现的工具主要有以下几类。

1. 笔

包括钢笔、针管笔、彩色铅笔、马克笔等。

钢笔笔头坚硬，所绘线条刚直有力，是徒手快速表现的首选工具。钢笔有普通钢笔和美工钢笔两种。普通钢笔画的线条粗细均匀，挺直舒展；美工钢笔画的线条粗细变化丰富，线面结合，立体感强。两种钢笔各有特点，可以配合在一起使用。

针管笔有金属针管笔和一次性针管笔两种，有 0.1、0.2、0.3、0.4、0.5、0.6、0.7 等不同型号。可根据不同的绘制要求选择不同型号的针管笔，其绘制的线条流畅细腻，细致耐看。

彩色铅笔有水溶性和蜡性两种。其色彩丰富，笔触细腻，可表现较细密的质感和较精细的画面。

马克笔有油性、水性和酒精性之分。笔头宽大，笔触明显，色彩退晕效果自然，可表现大气、粗犷的设计构思草图。

2. 纸

可采用较厚实的铜版纸、高级白色绘图纸和复印纸等，要求纸质白皙、紧密，吸水性较好。

3. 其他工具

手绘效果图所需的其他工具有直尺、曲线板、橡皮、铅笔、图板、丁字尺、三角尺、透明胶带等。

五、手绘效果图快速表现技法的学习方法

"手绘效果图快速表现技法"是一门实践性很强的课程，需要制订科学的训练计划和行之有效的学习方法。首先要有一个良好的心态，避免浮躁情绪及好高骛远、急功近利的做法，坚持从点滴做起，一步一个脚印，扎扎实实地去学。其次要制订科学有效的训练计划，并严格按照计划去训练和提高，切不可半途而废。手绘效果图快速表现技法可以从以下两个方面来进行训练。

1. 钢笔线条的训练

手绘表现主要通过钢笔或针管笔来勾画物体轮廓，塑造物体形象，因此钢笔线条的练习成为手绘训练的重点。钢笔线条本身就具有无穷的表现力和韵味，它的粗细、快慢、软硬、虚实、刚柔和疏密等变化可以传递出丰富的质感和情感。

钢笔线条主要分为慢写线条和速写线条两类。慢写线条注重表现线条自身的韵味和节奏，绘制时要求用力均匀，线条流畅、自然。通过训练慢写线条，不仅可以提高手对钢笔线条的控制力，使脑与手配合得更加完美，而且可以锻炼绘画者的耐心和毅力，为设计创作打下良好的心理基础。

速写线条注重表现线条的力度和速度，绘制时用笔较快，线条刚劲有力，挺拔帅气。通过训练速写线条，可以提高绘画者的概括能力和快速表现能力。

2. 临摹与创作

手绘表现是艺术表现的一个门类，艺术表现的训练需要继承前人优秀的表现手法和表现技巧，这样不仅可以在短时间内迅速提高练习者的表现能力，而且可以取长补短、博采众长，最终形成自己独特的表现风格。

临摹优秀的手绘表现作品是学习手绘表现的捷径，对于初学者来说，这是一种迅速见效的方法。临摹面对的是经过整理加工的画面，这就有利于初学者直观地获得优秀作品的画面处理技巧，并经过消化和吸收，转化为自己的表现技巧。临摹还有一个好处，就是可以接触和尝试许多不同风格的作品，这样

可以极大地拓展初学者的眼界，丰富初学者的表现手段。因为临摹接触的是优秀的作品，这就使得初学者能够站在专业的高度上看清自己的位置和日后的发展方向，这比单纯的技术训练具有更深远的意义。

临摹是能够迅速把技术训练和设计思想结合起来的有效学习手段。手绘表现不仅是技术的训练，也是设计思想的训练。临摹一方面是学习具体的作画技巧，另一方面也在学习作画者的设计理念。一件优秀的手绘表现作品，技术的因素是次要的，重要的在于隐含在技术之中的设计理念，好的设计理念才是优秀手绘表现作品的核心。

临摹分为摹写和临绘两个阶段。在摹写阶段，要求练习使用透明的硫酸纸摹写别人的作品，这样可以直观地获取对方的构图、线条和色彩，并培养练习者的绘画感觉。在临绘阶段，要求练习者将所临摹的图片（或作品）置于绘图纸的左上角，先用眼睛观察，再用手绘方式临绘下来，力求做到与原图片（或作品）相似或相近。这种练习可以培养练习者的观察能力和手绘转化能力。

临摹只是学习手绘表现技巧的一种方法，切不可一味临摹而缺乏自己的风格，在临摹到一定程度时，就要运用临摹中学到的表现手法进行创作，最终将这些表现手法概括归纳，消化吸收，形成自己的表现手法，这样才能绘制出有自己独特个性和风格的作品。

临摹作品如图1-6～图1-9所示。

图1-6 餐厅表现（陈扬 临）

图1-7 餐厅局部表现（文健 临）

图 1-8 中式风格客厅表现（1）（种夏 临）

图 1-9 中式风格客厅表现（2）（衣国庆 临）

 习题

1. 绘制慢写线条 100 根。
2. 绘制速写线条 50 根。
3. 临摹手绘效果图 5 幅。

第二章 手绘效果图快速表现技法的基础训练

第一节 手绘单体室内家具与陈设线描训练

手绘效果图快速表现技法需要在作画过程中快速而准确地表现对象的形体特征，形体造型的严谨与否是手绘表现的核心。手绘效果图与普通绘画是有一定区别的，它不能将表现对象随意地夸张和变形，必须严格地遵守表现对象的比例、尺寸和材质，这就要求作画者应该具备较强的造型能力。造型能力的提高可以通过绘制单体室内家具与陈设来达到。单体室内家具与陈设是室内空间的重要组成部分，也是手绘表现的重点和难点。单体室内家具与陈设绘制的好坏直接影响到室内空间表现的效果。

单体室内家具与陈设具有完整的造型和不同的质感，在绘制时要仔细观察，并对形体进行分析和理解，掌握形体的结构关系，抓住形体的主要特征，准确而形象地将形体表现出来。单体室内家具与陈设绘制时尽量不要使用太多辅助工具，要着重训练眼与手的协调配合能力，锻炼敏锐的观察力和熟练的手绘技巧。最好将每个单体室内家具或陈设品反复画上几遍，甚至几十遍，找出其中的规律。

单体室内家具与陈设手绘表现如图 2-1～图 2-17 所示（更多精美图片可通过加阅平台欣赏）。

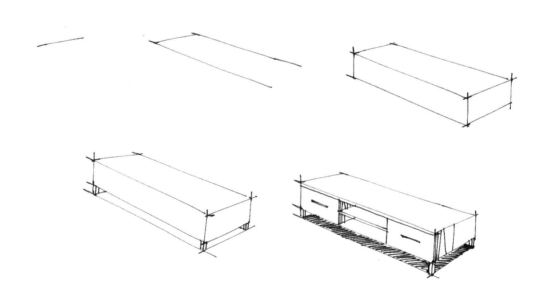

图 2-1 单体家具手绘表现步骤图（1）（文健 作）

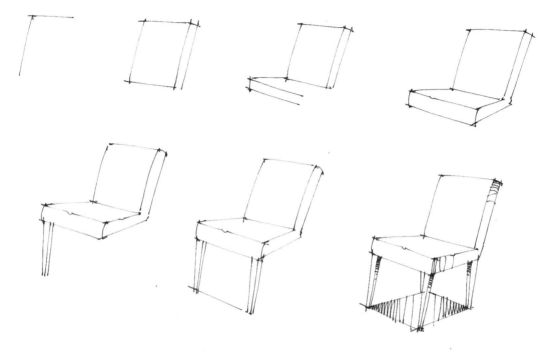

图2-2　单体家具手绘表现步骤图（2）（文健　作）

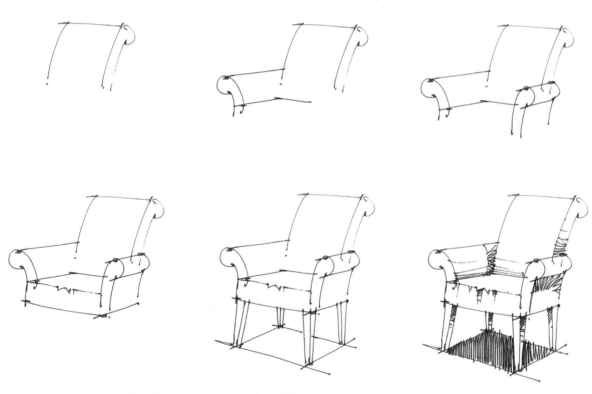

图2-3　单体家具手绘表现步骤图（3）（文健　作）

图 2-4　单体家具手绘表现步骤图（4）（文健　作）

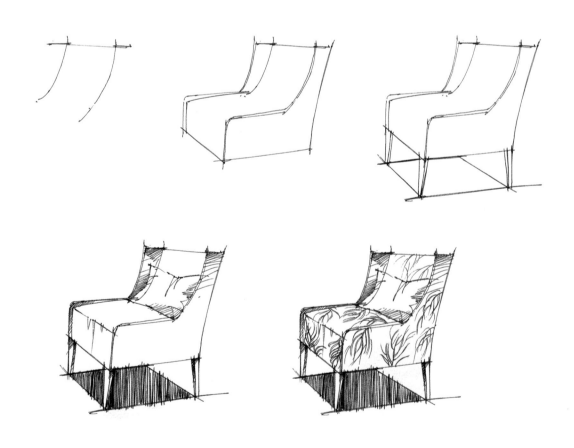

图 2-5　单体家具手绘表现步骤图（5）（文健　作）

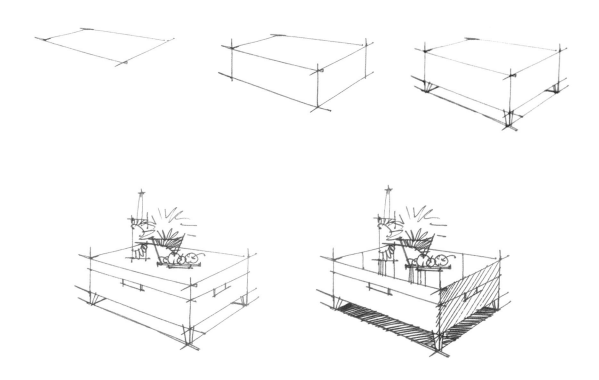

图 2-6　单体家具手绘表现步骤图（6）（文健　作）

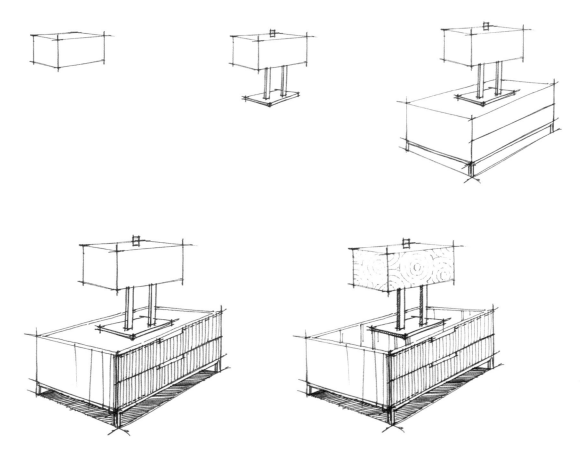

图 2-7　单体家具手绘表现步骤图（7）（文健　作）

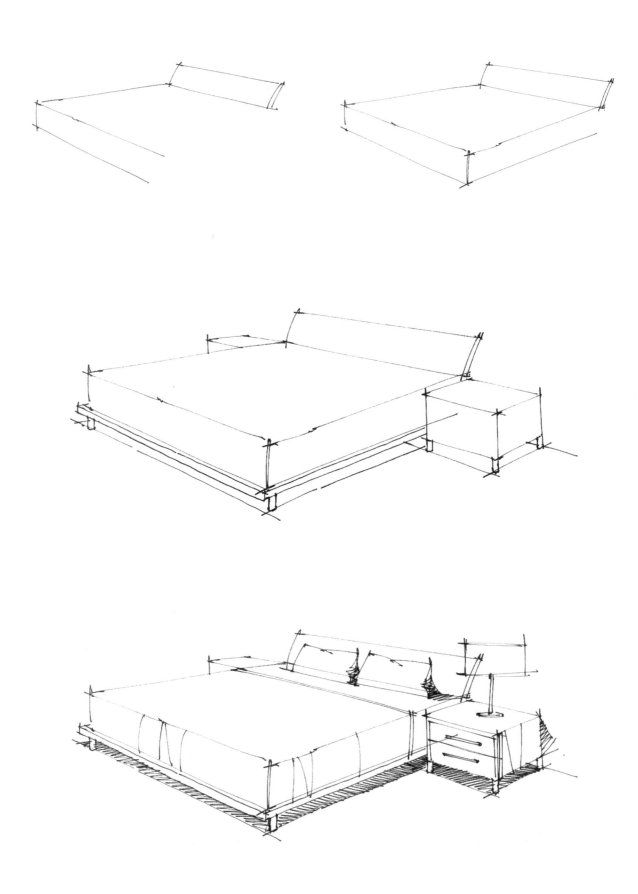

图 2-8　单体家具手绘表现步骤图（8）（文健　作）

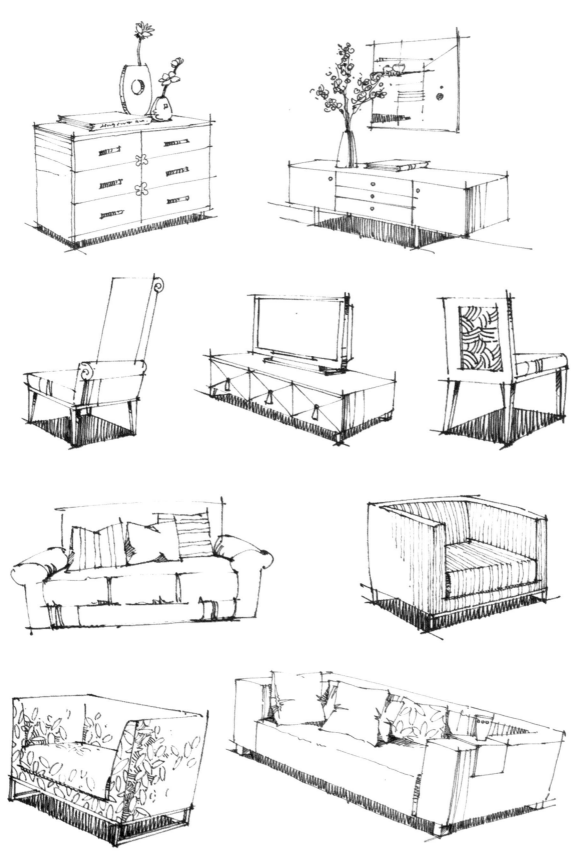

图2-9 单体家具手绘表现（1）（文健 作）

图 2-10　单体家具手绘表现（2）（文健　作）

图 2-11　单体家具手绘表现（3）（文健　作）

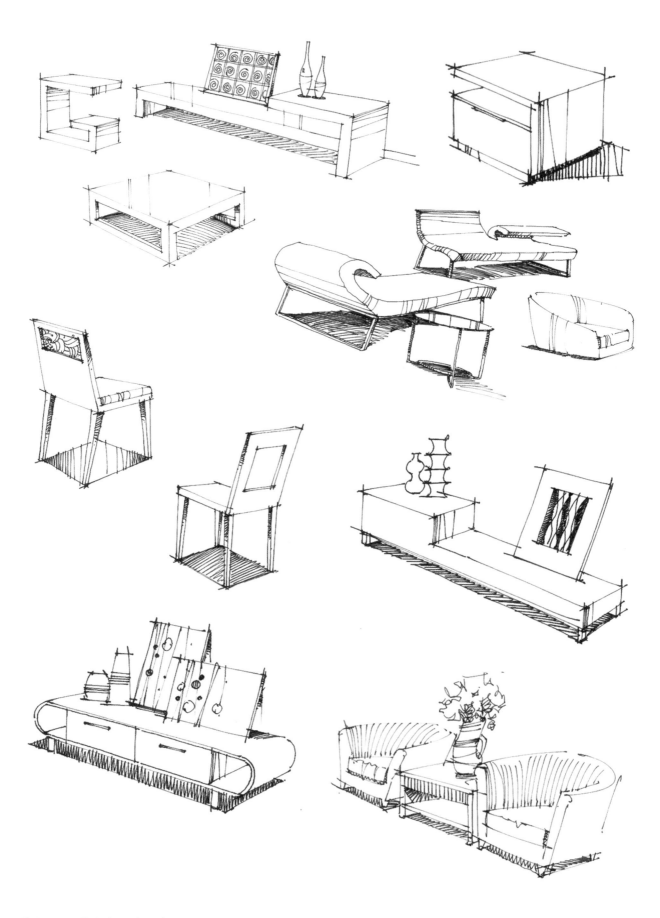

图 2-12　单体家具手绘表现（4）（文健　作）

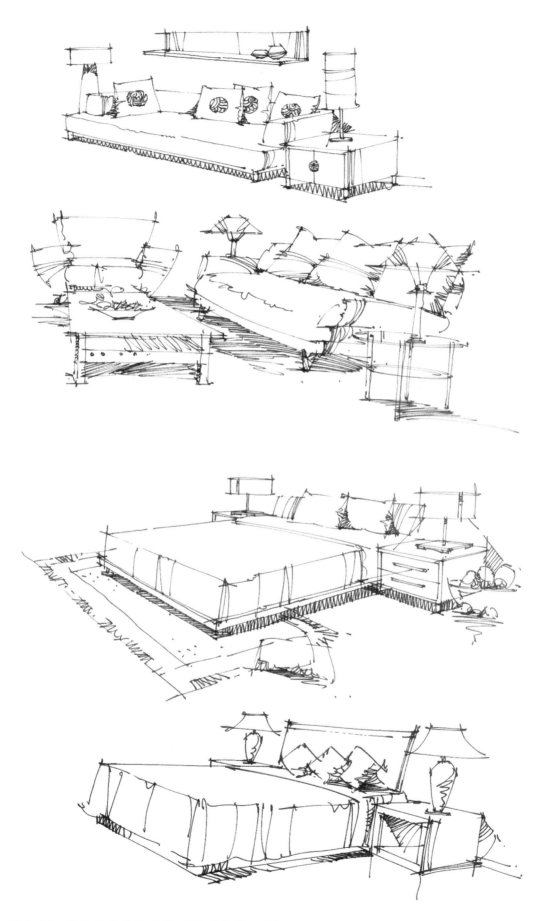

图 2-13　单体家具手绘表现（5）（文健　作）

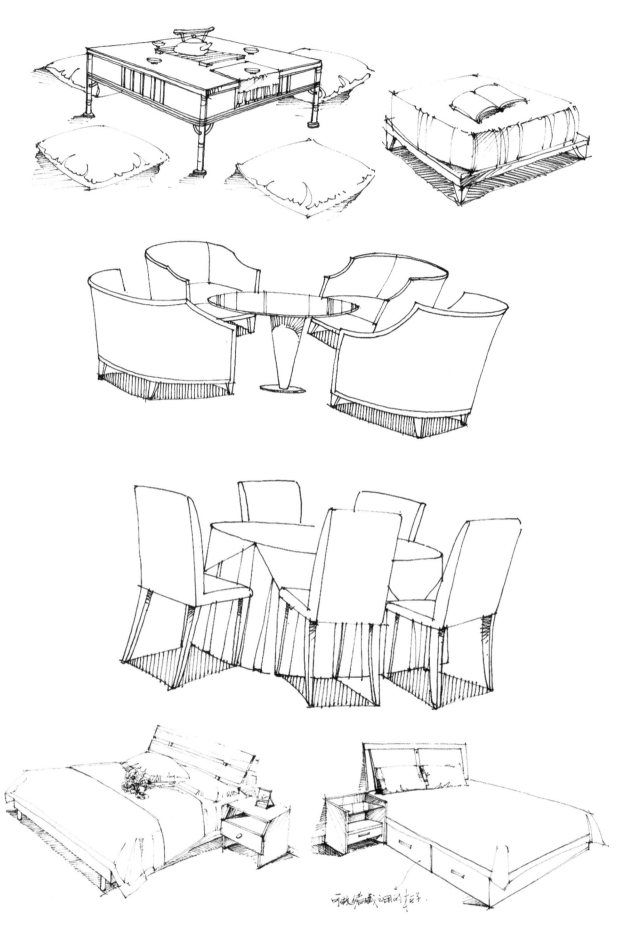

图 2-14　单体家具手绘表现（6）（文健　作）

图 2-15 单体家具手绘表现（7）（文健 作）

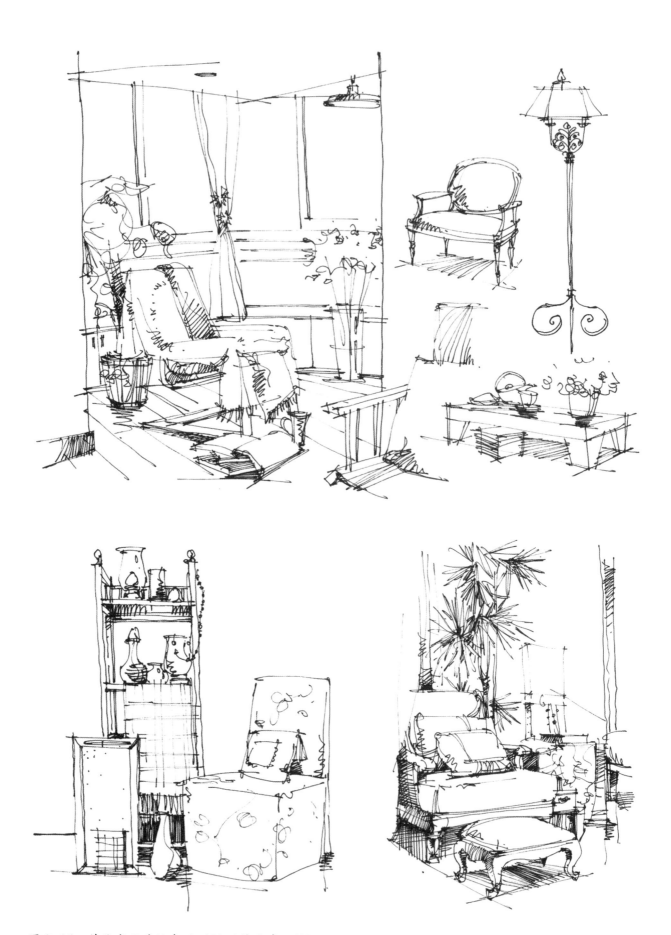

图 2-16 单体家具手绘表现 (8) (曾海鹰 作)

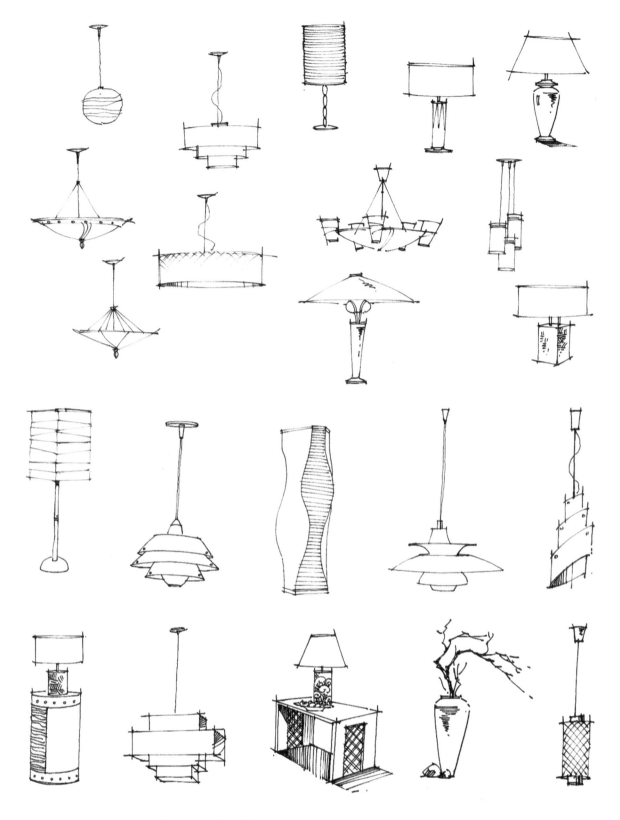

图 2-17　单体灯具手绘表现（文健　作）

1. 绘制 100 个单体家具。
2. 绘制 50 个单体灯具。

第二节　手绘单体室内家具与陈设着色训练

　　手绘单体室内家具与陈设着色主要使用马克笔和彩色铅笔。马克笔笔头宽大、较粗，笔尖可画细线，笔的斜面可画粗线，马克笔就是通过线面结合的笔触来表达画面色彩效果。

　　马克笔根据其化学成分可分为水性、油性和酒精性三种，其中油性马克笔最常用。油性马克笔色彩较透明，覆盖力强，层次丰富，有较强的视觉冲击力。马克笔色谱图如图2-18所示。

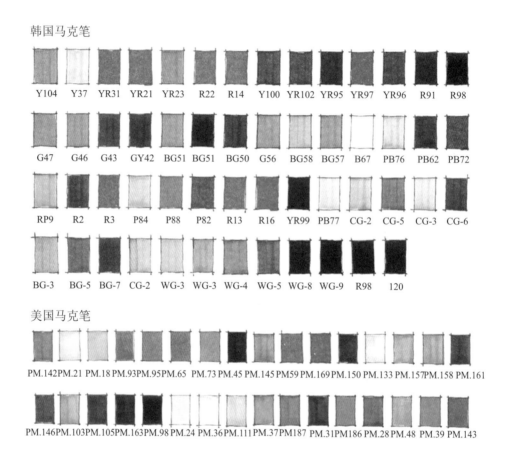

图 2-18　马克笔色谱图（赵国斌　作）

　　彩色铅笔笔头较细，色彩丰富，过渡自然，适合处理较精细的画面效果。彩色铅笔主要通过分组排线和色彩叠加来表达画面色彩效果。

　　马克笔和彩色铅笔手绘单体室内家具与陈设着色表现如图2-19～图2-33所示（更多精美图片可通过加阅平台欣赏）。

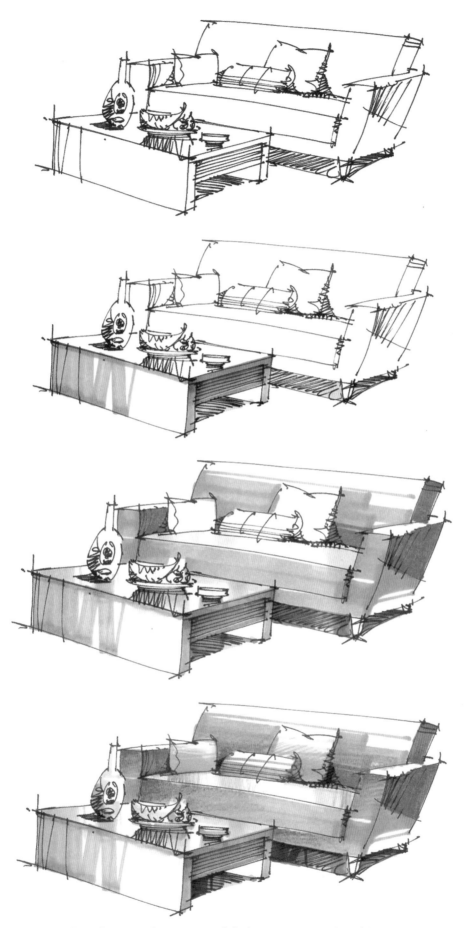

图 2-19 手绘单体室内家具与陈设着色表现（1）（文健　作）

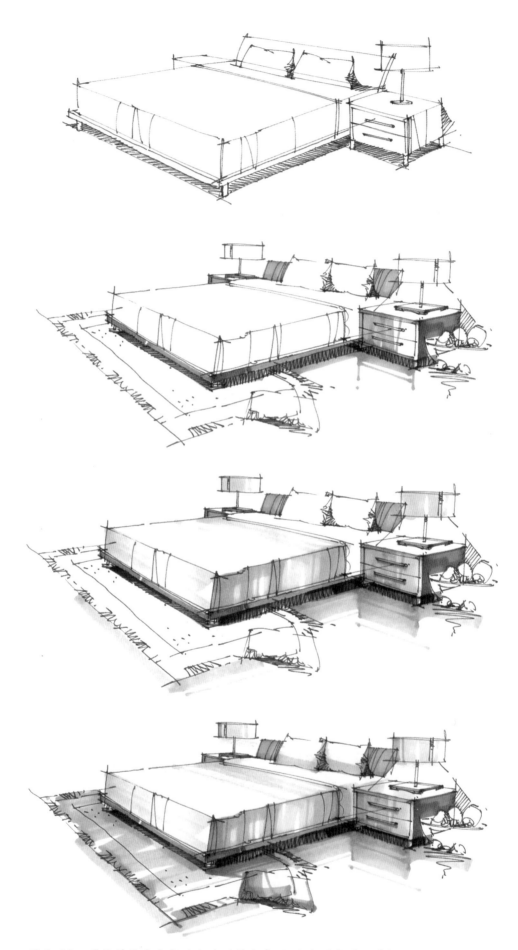

图 2-20 手绘单体室内家具与陈设着色表现（2）（文健 作）

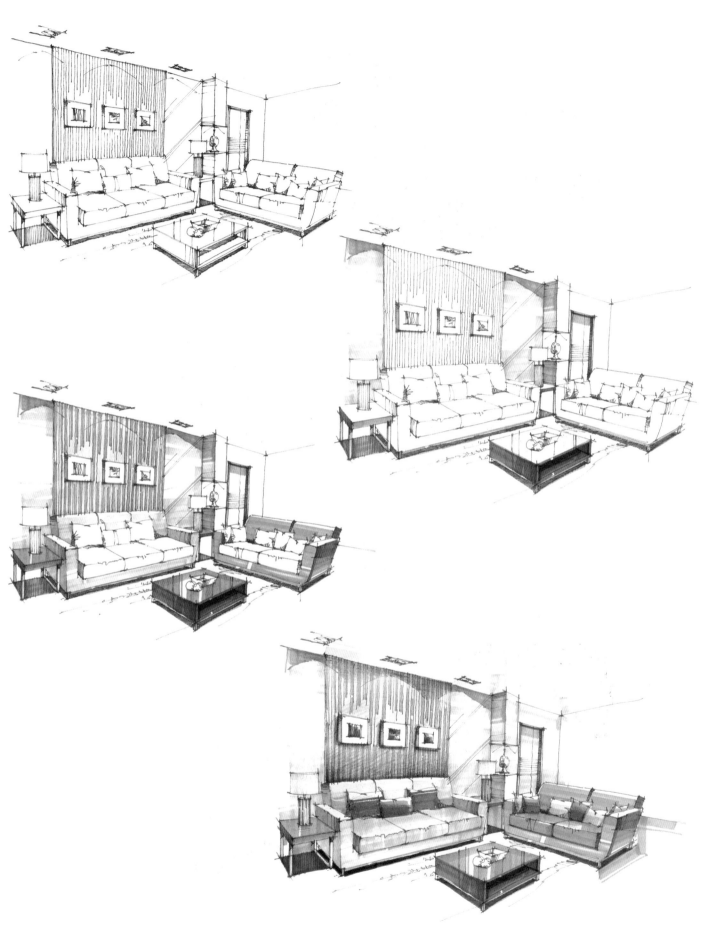

图 2-21　手绘单体室内家具与陈设着色表现（3）（文健　作）

图 2-22　手绘单体室内家具与陈设着色表现（4）（杨健　作）

图 2-23　手绘单体室内家具与陈设着色表现（5）（文健　作）

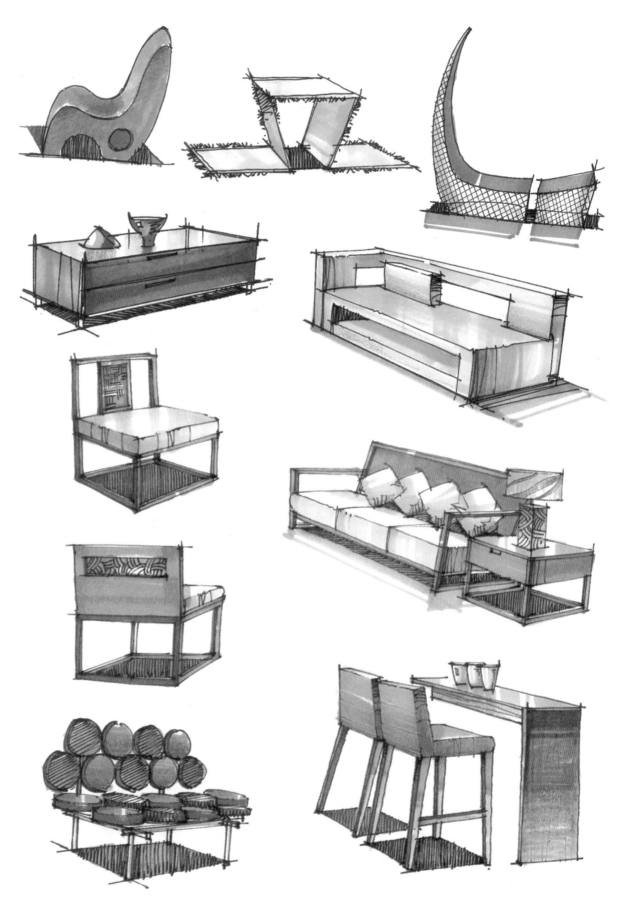

图 2-24　手绘单体室内家具与陈设着色表现（6）（文健　作）

图 2-25　手绘单体室内家具与陈设着色表现（7）（文健　作）

图 2-26　手绘单体室内家具与陈设着色表现（8）（赵国斌　作）

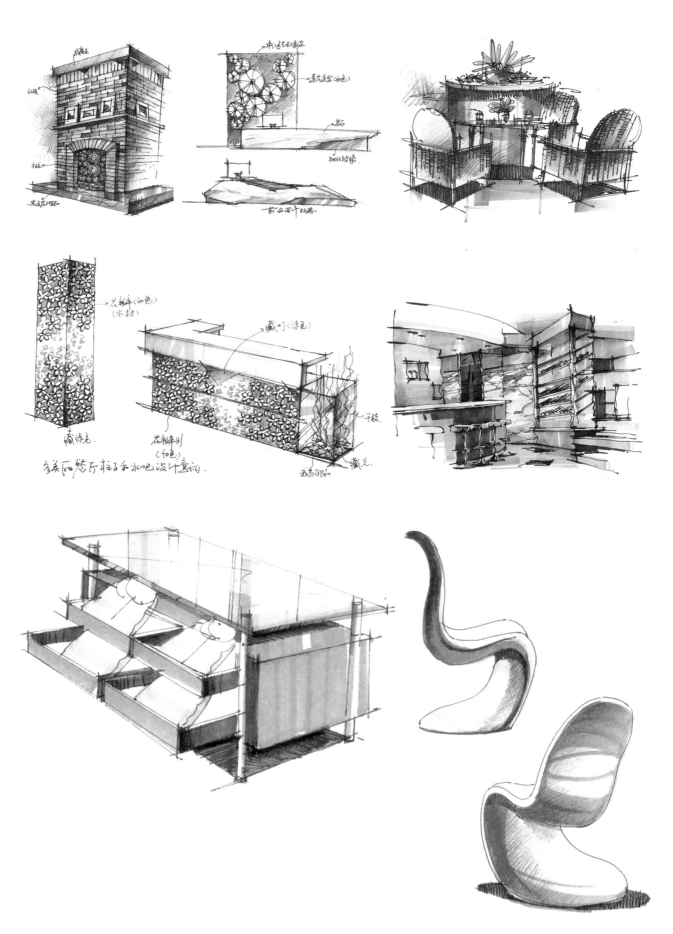

图 2-27　手绘单体室内家具与陈设着色表现（9）（文健　作）

图 2-28　手绘单体室内家具与陈设着色表现（10）（衣国庆　作）

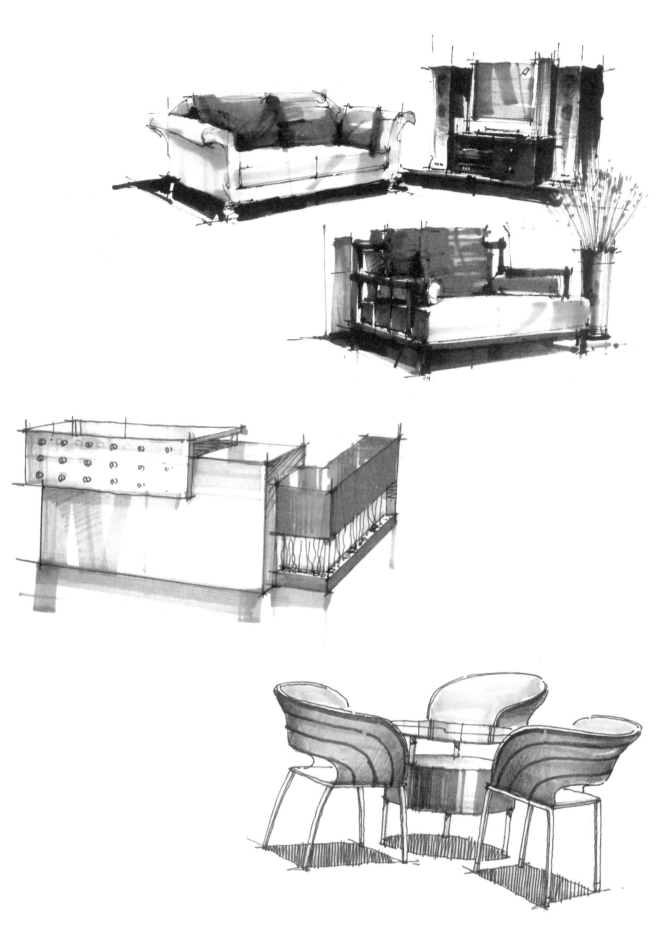

图 2-29　手绘单体室内家具与陈设着色表现（11）（文健　作）

图 2-30 手绘单体室内家具与陈设着色表现（12）（潘俊杰 曾海鹰 作）

图 2-31　手绘单体室内家具与陈设着色表现（13）（衣国庆　作）

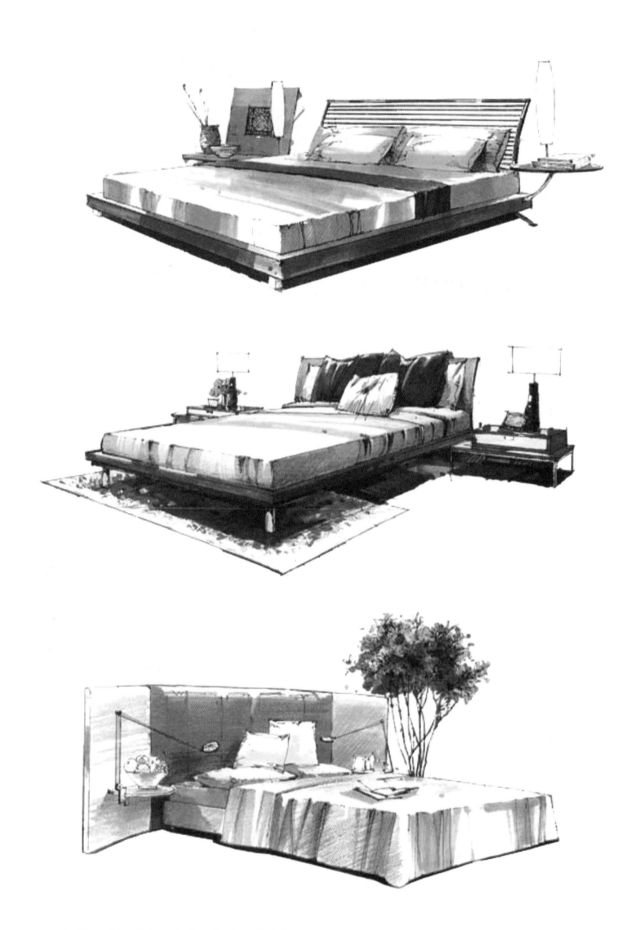

图 2-32　手绘单体室内家具与陈设着色表现（14）（陈红卫　作）

图 2-33　手绘单体室内家具与陈设着色表现（15）（潘俊杰　吴才金　作）

 习题

1. 练习 100 个单体着色家具。

2. 练习 50 个单体着色灯具。

第三节　快速透视法

一、标准透视法的画法

1. 透视的概念

所谓透视，是指通过透明平面来观察研究物体形状的方法。透视图是在物体与观者之间假设有一透明平面，观者对物体各点射出视线，与此平面相交之点连接所形成的图形。它是把建筑物的平面、立面或室内的展开图，根据设计图资料，画成一幅尚未成实体的画面。

透视的常用术语有以下七个。

（1）视点（E）——人眼所在的位置。

（2）画面（P）——绘制透视图所在的平面。

（3）基面（G）——放置建筑物的平面。

（4）视高（H）——视点到地面的距离。

（5）视线（L）——视点和物体上各点的连线。

（6）视平线（C）——画面与视平面的交线。

（7）视平面（F）——过视点所作的水平面。

透视概念示意图如图 2-34 所示。

2. 透视的画法

1）一点透视的画法

一点透视又叫平行透视，即人的视线与所观察的画面平行，形成方正的画面效果，并根据视距使画面产生进深立体效果的透视作图方法。其特点为构图稳定、庄重，空间效果较开敞。如图 2-35 所示。

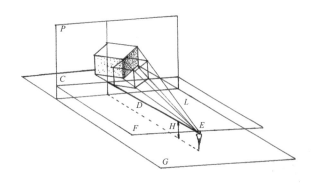

图 2-34　透视概念示意图（蔡洪　作）

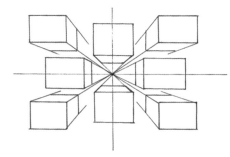

图 2-35　一点透视概念示意图（蔡洪　作）

一点透视的画法（室内）举例如下。

例：试画一幅宽、高、深分别为 4 m、2.5 m、3.5 m 的室内空间一点透视图，并画出 0.5 m×0.5 m 的方格地板。

绘制步骤如下。

（1）画出后墙立面。按比例 1∶50 画出 4 m×2.5 m 的后墙立面，并延长基线。

（2）画视平线。在基线上方 1.5 m 处画水平直线，定为视平线。

（3）定消失点。在视平线上根据画面需要任意定一个点，这个点就是这幅画的消失点。定好消失点后，将消失点与四个墙角用线连接并延伸，这样就形成了透视空间。

（4）定测点。由消失点向左（右）量取（1/2）×4+3.5=5.5（m），在视平线上定为测点。

（5）绘制地板格。在后墙立面的基线上，按比例 1∶50 每 0.5 m 宽的地板宽度定点，从墙角测点所在方向量取 0.5 m 的宽度定点，到 3.5 m 止，从消失点和测点与每个 0.5 m 的点用线连接并延伸，即可得地板格。如图 2-36 所示。

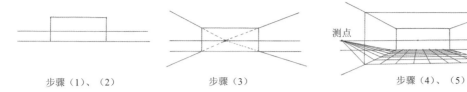

步骤（1）、（2）　　　　　步骤（3）　　　　　步骤（4）、（5）

图 2-36　室内一点透视画法示意图（蔡洪　作）

室内一点透视手绘表现图如图 2-37～图 2-39 所示。

图 2-37　室内一点透视手绘表现图（1）（文健　作）

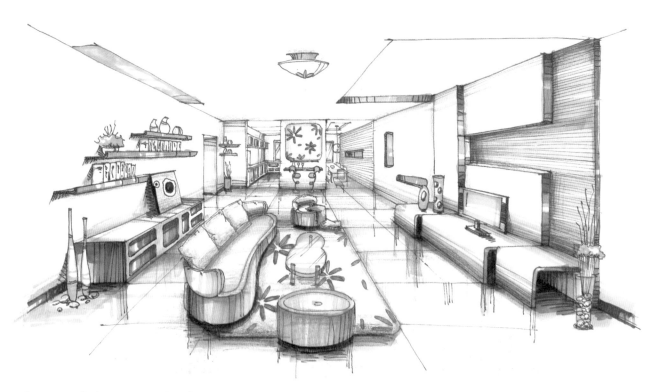

图 2-38　室内一点透视手绘表现图（2）（文健　作）

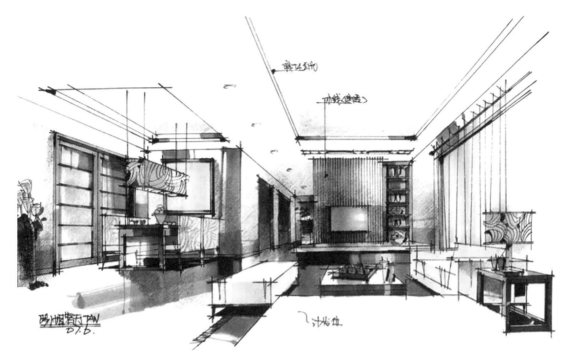

图 2-39 室内一点透视手绘表现图（3）（文健 作）

2）两点透视的画法

两点透视又叫成角透视，即人的视线与所观察的画面成一定角度，形成倾斜的画面效果，并根据视距使画面产生进深立体效果的透视作图方法。其特点为构图生动、活泼，空间立体感较强。

两点透视示意图如图 2-40 所示。

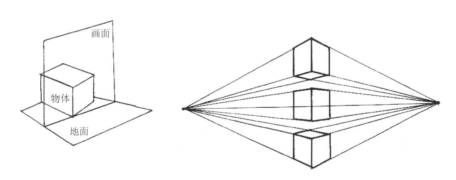

图 2-40 两点透视示意图（蔡洪 作）

两点透视的画法（室内）举例如下。

例：试画一幅左墙宽度、右墙宽度和墙面高度分别为 3 m、4 m、2.5 m 的室内空间两点透视图，并画出 0.5 m×0.5 m 的地板格。

绘制步骤如下。

（1）绘制一条水平直线为基线，在中央部分任意定一点为基点。

（2）画视平线。于墙高 1.5 m 处画水平直线，平行于基线。

（3）定消失点和测点。由墙角线起在视平线上向右量取右墙的长度 4 m 为右测点，再加 4 m 为右消失点；向左量取左墙的长度 3 m 为左测点，再加 3 m 为左消失点。

（4）按照 1∶50 的比例，自基点垂直绘制墙面高度 2.5 m，然后将左、右消失点与 2.5 m 高的墙面上下端连接，可得两点透视室内立体空间。

（5）绘制地板格。自基点起，在基线向右取 0.5 m 宽，共 8 格；向左量取 0.5 m 宽，共 6 格。然后分别以左、右测点连接基线上每一点，并与左、右墙角线相交成若干点。最后，再将这些点与由左、右两个消失点连接，即绘制出了地板格。如图 2-41 所示。

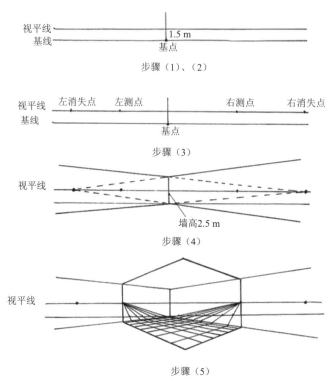

图 2-41 室内两点透视画法（蔡洪 作）

室内两点透视手绘表现图如图 2-42～图 2-45 所示。

图 2-42 室内两点透视手绘表现图（1）（文健 作）

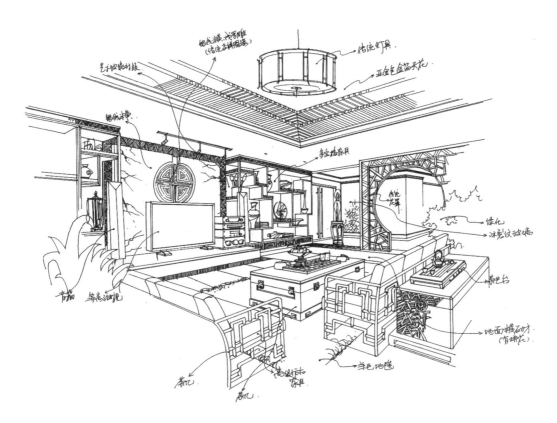

图 2-43　室内两点透视手绘表现图（2）（文健　王燕飞　作）

图 2-44　室内两点透视手绘表现图（3）（文健　潘启飞　作）

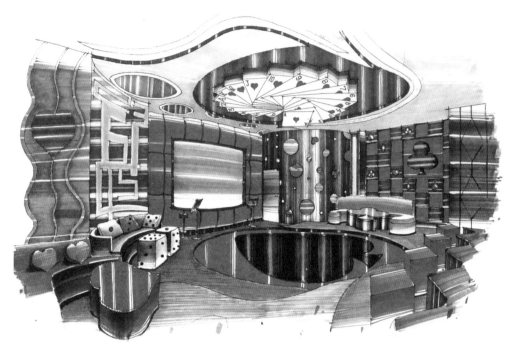

图2-45 室内两点透视手绘表现图 (4) (文健 钟永明 作)

3) 微角透视的画法

微角透视是一种特殊的两点透视, 它是将两点透视中的左、右两个消失点进行拉伸处理, 使其中一个点在画面内, 另一个点则远离画面, 造成画面微微倾斜效果的透视作图法。微角透视可以兼具一点透视和两点透视的优点, 画面既宽阔、舒展, 又有一定的立体感。

室内微角透视手绘表现图如图2-46~图2-48所示。

图2-46 室内微角透视手绘表现图 (1) (文健 林壮荣 作)

图 2-47　室内微角透视手绘表现图（2）（陈扬　作）

图2-48 室内微角透视手绘表现图（3）（文健 林壮荣 作）

二、快速透视法画法

快速透视法即在标准透视法的作图基础上，运用徒手表现的方式，更加快捷省时地绘制出一幅手绘效果图的方法。快速透视法强调以概括的手法，删繁就简，在不借助尺规工具的前提下，快速而有效地把室内空间效果表达出来。

快速透视法的画法步骤如下（如图2-49所示）。

步骤1：用铅笔按照透视原理勾画空间轮廓。要求将基本的空间构图确定下来，并且将主要的透视关系交代清楚。

步骤2：从画面的视觉中心开始，用钢笔勾画物体轮廓。要求在透视关系准确的前提下，表现出钢笔线条的美感和物体的质感，以及室内空间的光影变化规律。

步骤3：在勾画完画面中心部位的物体后，按照由远及近的步骤，从室内空间的远处开始向近处逐层刻画其他物体。

步骤4：将画面最后的部分绘制完整，并调整好画面的虚实和主次关系。

快速透视法的着色步骤如下（如图2-50所示）。

步骤1：运用灰色马克笔将室内空间的素描关系表达出来。

步骤2：运用咖啡色的马克笔和彩色铅笔将室内的木质材料表达出来，运用蓝色、紫灰色的马克笔和彩色铅笔将室内的玻璃表达出来，运用绿色的马克笔和彩色铅笔将室内的植物表达出来。

步骤3：调整和完善室内空间的色彩关系，丰富色彩细节。

步骤1

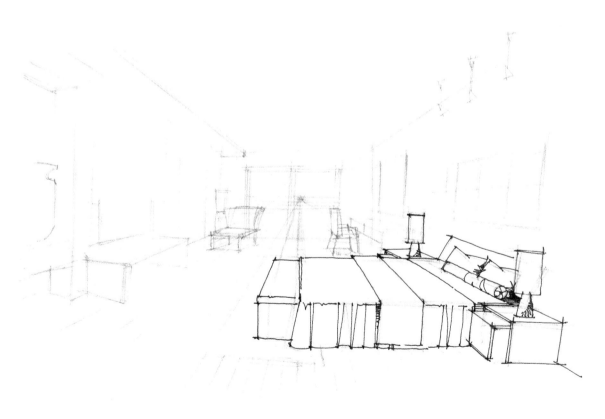

步骤2

图2-49　快速透视法作画示意图（文健　作）

步骤 3

步骤 4

图 2-49　快速透视法作画示意图（续）（文健　作）

步骤1

步骤2

图2-50 快速透视法着色示意图（文健 林壮荣 作）

步骤 3

图 2-50 快速透视法着色示意图（续）（文健 林壮荣 作）

习题

1. 绘制 2 幅一点透视室内表现图。
2. 绘制 2 幅两点透视室内表现图。
3. 绘制 2 幅微角透视室内表现图。

第三章 家居空间手绘效果图快速表现技法

第一节　玄关和客厅手绘表现

一、玄关表现

玄关是进入住宅室内的咽喉地带和缓冲区域，也是进入室内后的第一印象，因此在室内设计中有着不可忽视的地位和作用。玄关具有使用价值和审美价值。首先，玄关可以实现一定的储藏功能，用于放置鞋柜和衣架，便于主人或客人换鞋、挂外套之用。其次，玄关可以表现一定的审美效果，通过色彩、材料、电灯光和造型的综合设计使玄关看上去更加美观、实用。

玄关是进入客厅的回旋地带，可以有效地分割室外和室内，避免将室内景观完全暴露；玄关可以使视线有所遮掩，更好地保护室内的私密性。此外，玄关还可以避免因室外人的进入而影响室内人的活动，使室外进入者有个缓冲、调整的场所。

玄关是住宅装饰的第一道风景，在一定程度上体现着主人的审美品味和情趣。玄关的造型应与室内整体风格保持一致，力求简洁、大方。玄关的造型主要有以下几种形式。

（1）玻璃半通透式，即运用有肌理效果的玻璃（如磨砂玻璃、裂纹玻璃、冰花玻璃、工艺玻璃等）来隔断空间的形式。这样可以使玄关空间看上去有一种朦胧的美感，使玄关和客厅之间隔而不断。

（2）列柱隔断式，即运用几根规则的立柱来隔断空间的形式。这样可以使玄关空间看上去更加通透，使玄关空间和客厅空间很好地结合和呼应。

（3）自然材料隔断式，即运用竹、石、藤等自然材料来隔断空间的形式。这样可以使玄关空间看上去朴素、自然。

（4）古典风格式，即运用中式和欧式古典风格中的装饰元素来设计玄关空间，如中式的条案、屏风、瓷器、挂画，欧式的柱式、玄关台等。这样可以使玄关空间更加具有文化气质和古典、浪漫的情怀。

玄关手绘表现如图 3-1～图 3-3 所示。

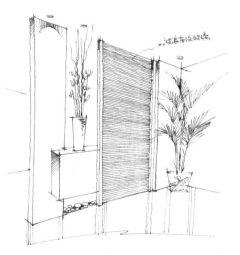
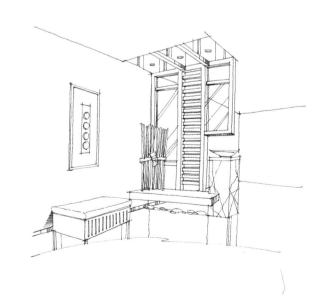

图 3-1　玄关手绘表现（1）（文健　作）

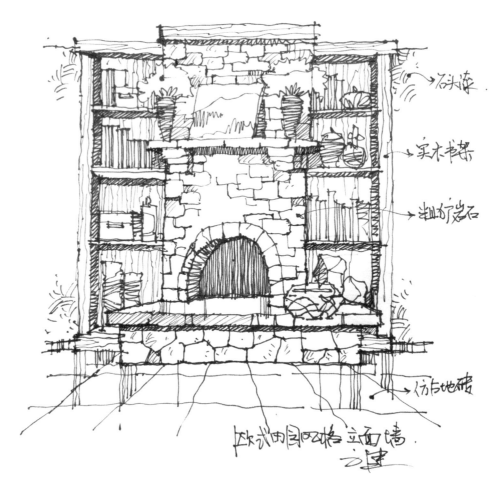

图 3-2 玄关手绘表现（2）（文健 作）

图 3-3 玄关手绘表现（3）（梁志天 作）

二、客厅设计

客厅是全家人文化娱乐、休息、团聚及接待客人的场所，是住宅中活动最集中、使用频率最高的空间。它能充分体现主人的品味、情感和意趣，展现主人的涵养与气度，是整个住宅的中心。

客厅的主要功能区域可划分为聚谈区和视听区两大部分。

1. 聚谈区

客厅是家庭成员团聚和交流感情的场所，也是家人与来宾会谈、交流的场所。家庭聚谈区和会客区一般采用几组沙发或座椅围合成一个聚谈区域来实现，如图 3-4～图 3-5 所示。

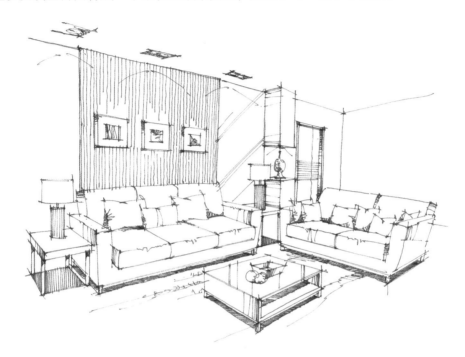

图 3-4　聚谈区手绘表现（1）（文健　作）

图 3-5　聚谈区手绘表现（2）（吴才金　作）

2. 视听区

看电视、听音乐是人们生活中必不可少的部分，客厅设计中应单独划分出一个区域来进行视听活动。此区域一般布置在沙发组合的正对面，由电视柜、电视背景墙、电视视听组合等部分组成。电视背景墙是客厅中最引人注目的一面墙，是客厅的视觉中心，可以通过别致的材质、优美的造型来表现。电视背景墙主要分为以下几种表现形式。

（1）古典对称式，中式和欧式风格都讲究对称布局，具有庄重、稳定、和谐的感觉。

（2）重复式，即利用某一视觉元素的重复出现来表现造型的秩序感、节奏感和韵律感。

（3）材料多样式，即利用不同装饰材料的质感差异，使造型相互突出，相映成趣。

（4）深浅变化式，即通过色彩的明暗和材料的深浅变化来表现造型的形式。这种形式强调主体与背景的差异：主体深，则背景浅；主体浅，则背景深。两者相互突出，相映成趣。

（5）形状多变式，即利用形状的变化和差异来突出造型，如曲与直的变化、方与圆的变化等。

视听区手绘表现如图 3-6～图 3-9 所示（更多精美图片可通过加阅平台欣赏）。

图 3-6　视听区手绘表现（1）（文健　作）

图 3-7　视听区手绘表现（2）（翁乐丹　作）

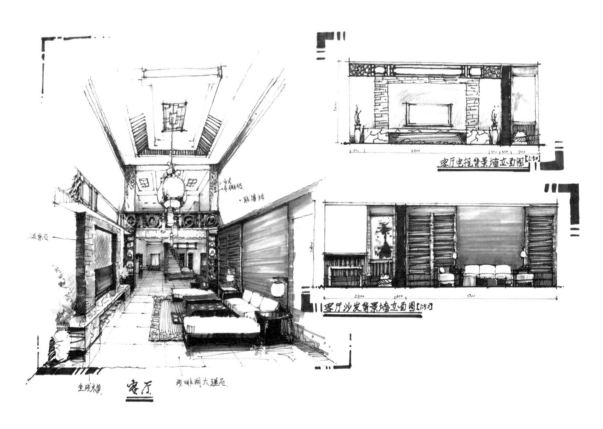

图3-8　视听区手绘表现（3）（学生作品）

图 3-9　视听区手绘表现（4）（学生作品）

　　客厅的风格多样，有优雅、高贵、华丽的古典式，有简约、时尚、浪漫的现代式，有朴素、休闲的自然式。客厅的陈设可以体现主人的爱好和审美品味，可根据客厅的风格来配置。古典风格配置古典陈设品，现代风格配置现代陈设品，这些形态各异的陈设品在客厅中往往能起到画龙点睛的作用，使客厅看上去更加生动、活泼。

　　客厅手绘表现如图 3-10～图 3-21 所示（更多精美图片可通过加阅平台欣赏）。

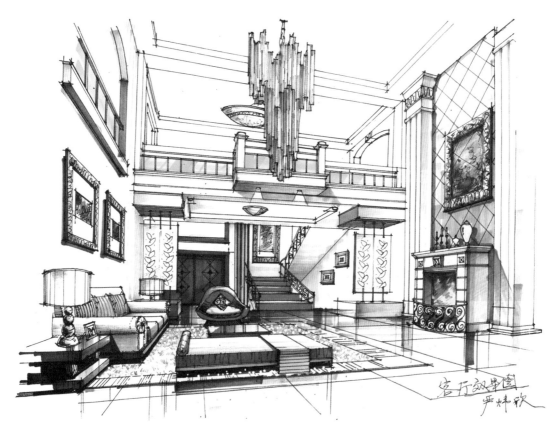

图 3-10　欧式风格客厅手绘表现（1）（严炜欣　作）

图 3-11　欧式风格客厅手绘表现（2）（学生作品）

图 3-12　中式古典风格客厅手绘表现（1）（郭晓华　作）

图 3-13　中式古典风格客厅手绘表现（2）（学生作品）

图 3-14　中式古典风格客厅手绘表现（3）（学生作品）

图 3-15　现代风格客厅手绘表现（1）（文健　林壮荣　作）

图 3-16　现代风格客厅手绘表现（2）（吴世铿　作）

图 3-17　中式风格客厅手绘表现（连柏慧　作）

图 3-18　自然风格客厅手绘表现（1）（文健　作）

图 3-19　自然风格客厅手绘表现（2）（连柏慧　作）

图 3-20　自然风格客厅手绘表现（3）（林秋华　作）

图 3-21　新古典风格客厅手绘表现（徐娜　作）

1. 绘制玄关手绘表现图 3 幅。
2. 绘制客厅手绘表现图 4 幅。

第二节 卧 室 设 计

卧室是人们休息和睡眠的场所，是居室中较私密的空间。卧室除了用于休息之外，还具有存放衣物、梳妆、阅读和视听等功能。卧室设计的宗旨是让人们在温暖、舒适的氛围中补充精力。

一、主卧室设计

主卧室是住宅主人的私人生活空间，应该满足男女主人双方情感和心理的共同需求，顾及双方的个性特点。主卧室在设计时应遵循两个原则。一是要满足休息和睡眠的要求，营造出安静、祥和的气氛。卧室内可以尽量选择吸声的材料，如海绵布艺软包、木地板、双层窗帘和地毯等，也可以采用纯净、静谧的色彩来营造宁静气氛。二是要设计出尺寸合理的空间。主卧室的空间面积每人不应小于 $6\ m^2$，高度不应小于 $2.4\ m$，否则就会使人感到压抑和局促。在有限的空间内还应尽量满足休闲、梳妆、阅读等综合要求。

主卧室按功能区域，可划分为睡眠区、梳妆阅读区和衣物储存区三部分。睡眠区由床、床头柜、床头背景墙和台灯等组成。床应尽量靠墙摆放，其他三面临空。床不宜正对门，否则使人产生房间狭小的感觉，开门见床也会影响私密性。床应近窗，让清晨的阳光射到床上，有助于吸收大自然的能量，杀死有害微生物。床头柜和台灯是床的附属物件，可以存放物品，一般配置在床的两侧，便于从不同方向上下床。床头背景墙是卧室的视觉中心，它的设计以简洁、实用为原则，可采用挂装饰画、贴墙纸和贴饰面板等装饰手法，其造型也可以丰富多彩。梳妆阅读区主要布置梳妆台、梳妆镜和学习工作台等。衣物储存区主要布置衣柜和储物柜。

主卧室宜采用和谐统一的色彩，暖色调温暖、柔和，可作为主色调。主卧室是睡眠的场所，应使用低纯度、低彩度的色彩。

主卧室的风格样式应与其他室内空间保持一致，可以选择古典式、现代式和自然式等多种风格样式。

主卧室手绘表现如图 3-22～图 3-29 所示（更多精美图片可通过加阅平台欣赏）。

图 3-22 主卧室手绘表现（1）（连柏慧 作）

图 3-23　主卧室手绘表现（2）（关未　作）

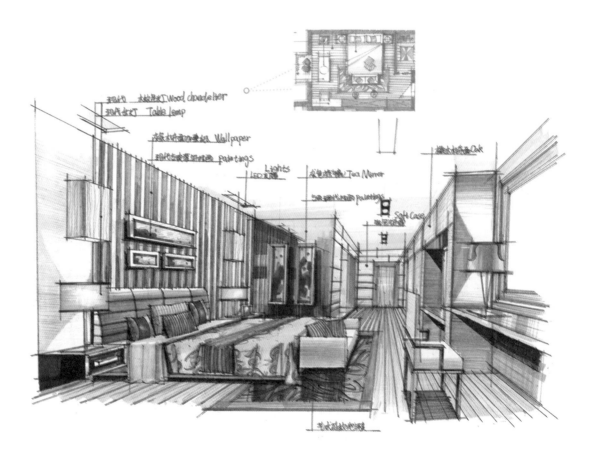

图 3-24　主卧室手绘表现（3）（吴世铿　作）

图 3-25　主卧室手绘表现（4）（学生作品）

图 3-26　主卧室手绘表现（5）（陈红卫　作）

图 3-27　主卧室手绘表现（6）（谭立予　作）

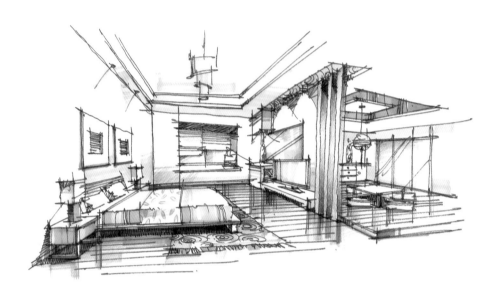

图 3-28　主卧室手绘表现（7）（文健　作）

图 3-29　主卧室手绘表现（8）（学生作品）

二、儿童卧室设计

儿童卧室是孩子成长和学习的场所。在设计时要充分考虑孩子的年龄、性别和性格特征，围绕孩子特有的天性来设计。儿童卧室设计的宗旨是"让孩子在自己的空间内健康成长，培养独立的性格和良好的生活习惯"。

设计儿童卧室时应考虑婴幼儿期和青少年期两个不同年龄阶段的孩子性格特点，针对孩子不同年龄阶段的生理、心理特征来进行设计。

婴幼儿期指年龄0～6岁。此时期孩子的房间侧重于睡眠区的安全性，并有充足的游戏空间。因婴幼儿年龄较小，生活自理能力不足，房间应与父母房相邻，卧室应保证充足的阳光和新鲜的空气，这样对婴幼儿身体的健康成长有重要作用。房间内的家具应采用圆角及柔软材料，保证孩子的安全，同时这些家具又应极富趣味性、色彩艳丽、大方，有助于启发孩子的想象力和创造力。针对婴幼儿期孩子好奇、好动的特点，可以划分出一块供婴幼儿独立生活玩耍的区域，地面上铺木地板或泡沫地板，墙面上装饰五彩的墙纸或留给孩子自己涂抹的生活墙。

青少年期指年龄6～18岁。这一时期的孩子已经入学，对事物的认知能力显著提高，也渴望获得知识。青少年期的孩子富于幻想，好奇心强，读书、写字成为生活中必行的事情。因此，在房间内要专门设置学习区域，学习区域由写字台（或电脑桌）、书架、书柜、学习椅和台灯等共同组成。

青少年期是孩子学习的黄金时期，也是培养其优良品质、发展优雅爱好、陶冶高尚情操的时期，在房间布置上应把握立志奋发的主题，如在墙上悬挂一些名言警句，在桌上摆放象征积极向上的工艺品等。青少年期孩子房间的色彩应体现出男女的差异，男孩比较喜欢蓝色、青绿色等冷色；女孩则比较喜欢粉红、苹果绿、紫红、橙等暖色。

儿童卧室手绘表现如图3-30～图3-32所示（更多精美图片可通过加阅平台欣赏）。

图3-30　儿童卧室手绘表现（1）（文健　林壮荣　作）

图 3-31 儿童卧室手绘表现（2）（学生作品）

图 3-32　儿童卧室手绘表现（3）（学生作品）

1. 绘制主卧室手绘表现图 4 幅。

2. 绘制儿童卧室手绘表现图 2 幅。

第三节　餐厅设计和书房设计

一、餐厅设计

餐厅是家人用餐和宴请客人的场所。民以食为天，餐厅不仅是补充能量的地方，更是家人团聚和交流情感的场所，是居室中一处幽雅、恬静的空间。餐厅主要有以下三种形式。

（1）独立式：指单独使用一个房间作为餐厅的形式。这种形式的餐厅是最为理想的餐厅形式，可以极大地降低用餐时外界的干扰，使家人和朋友可以在一个相对独立和幽静的空间用餐，营造出一个舒适、稳定的就餐环境。

（2）客厅与餐厅合并式：指客厅与餐厅相连的形式。这种形式的餐厅是现代家居中最为常见的。设计时要注意空间的分隔技巧，放置隔断和屏风是既实用又艺术的做法；也可以从地板着手，利用地板的材料、色彩变化来划分空间，餐厅与客厅以此划分为两个格调迥异的区域；还可以通过色彩和灯光来划分。在分隔的同时还要注意保持空间的通透感和整体感。

（3）厨房与餐厅合并式：指厨房与餐厅相连的形式。这种形式的餐厅也可节约空间，减轻压抑感，并可以缩短上菜路线，提高就餐效率。不足之处在于受厨房油烟干扰较大。

餐厅的家具主要有餐桌、餐椅和酒柜。餐桌有正方形、长方形和圆形等形状。酒柜是餐厅装饰的重点家具，其样式繁多，用材主要以木料为主，其功能主要是存放各类酒瓶、酒具和各色工艺品等。选择餐厅家具时要注意与室内整体风格相吻合，通过不同的样式和材质体现不同的风格。如天然纹理的原木餐桌、餐椅，透露着自然淳朴的气息；金属电镀的钢管家具，线条优雅，具有时代感；做工精细、用材考究的古典家具，风格典雅，气韵深沉，富有浓郁的怀旧情调。

餐厅的陈设既要美观，又要实用。餐厅中的软装饰，如桌布、餐巾和窗帘等，应尽量选用化纤类布艺材料，易清洗，耐脏。布艺的色彩和图案可根据室内不同的气氛要求来选择：营造素雅气氛时，可选择色彩淡雅、图案朴素的布艺材料；需要重点突出时，可选择色彩艳丽、图案花饰较多的布艺材料。餐桌上摆放一个花瓶，再插上几株花卉，能起到调节心理、美化环境的作用。墙角摆放绿色植物，可净化空气，增添活力。墙上悬挂字画、瓷盘和壁挂等装饰品，可以体现主人的审美品味。如餐厅面积太小，可在墙上设置一面镜子，增加反射效果，扩大空间感。

餐厅的天花可做二级吊顶造型，暗藏灯光，增加漫射效果。餐灯可增加餐厅的光照和美感，选择时注意与室内风格相协调，可选择能调节高低位置的组合灯具，满足不同的照明要求。餐厅的地面宜用易清洁、防滑的石材地砖。餐厅的色彩可采用红色、橙色和黄色等暖色，以增进食欲。

餐厅手绘表现如图 3-33～图 3-36 所示（更多精美图片可通过加阅平台欣赏）。

图 3-33 餐厅手绘表现（1）（翁乐丹 作）

图 3-34 餐厅手绘表现（2）（连柏慧 作）

图3-35　餐厅手绘表现（3）（陈扬　作）

图3-36　餐厅手绘表现（4）（伍华君　作）

二、书房设计

书房是阅读、书写和学习的场所，也是体现居住者文化品位的空间。书房的设计，总体应以简洁、文雅、清新、明快为原则。书房一般应选择独立的空间，以便于营造安静的环境。书房的家具有书桌、办公（学习）椅和书架等。书桌的高度应为 750～800 mm，桌下净高不小于 580 mm，座椅的座高为 380～450 mm，也可采用可调节式座椅，使不同高度的人得到舒适的坐姿。书柜厚度为 300～400 mm，高度为 2 100～2 300 mm（也可到顶）。书桌台面的宽度不小于 400～500 mm。

书房可布置成单边形、双边形和 L 形。单边形是将书桌与书柜相连，这样布置较节约空间；双边形是将书桌与书柜放在相平行的两条直线上，中间以座椅来分隔，这样布置更加方便取阅书籍，提高工作效率；L 形是将书桌与书柜成 90°交叉布置，这种布置方式是较为理想的一种，既节约空间，又便于查阅书籍。

书房的设计应遵循"明、静、雅、序"的设计原则。书房是阅读的场所，对采光和照明要求较高，过弱的光线会损害人的视力。书桌可以放在窗边的侧光处，防止阳光直射眼睛；也可以放在不受阳光直射的窗下，将窗外的美景尽收眼底，减轻视觉疲劳；书桌的摆放切不可背光。书房的"静"主要通过材料和色彩来完成。首先，书房内可尽量采用隔音和吸音效果较好的材料，如石膏板、PVC 吸音板、壁纸、地毯等，窗帘要选择较厚的材料，以阻隔窗外的噪声。其次，书房的色彩可选用素雅或纯度较低的颜色，以营造出稳重、静谧的感觉。此外，在空间设置上应尽可能地让书房远离客厅、餐厅等嘈杂的公共区域，以减少噪声的来源。书房的"雅"体现在人文气氛的营造上，书架上摆放几个古朴的工艺品、艺术品，墙上挂一些雅致的字画，都可以为书房增添几分情趣。书房的"序"主要指书写区、查阅区和休闲区要分区明确，路线顺畅，井然有序。

书房手绘表现如图 3-37～图 3-40 所示（更多精美图片可通过加阅平台欣赏）。

图 3-37　书房手绘表现（1）（文健　林壮荣　作）

图 3-38　书房手绘表现（2）（郑科　作）

图 3-39　书房手绘表现（3）（林文冬　作）

图 3-40　书房手绘表现（4）（陆守国　作）

1. 绘制餐厅手绘表现图 2 幅。
2. 绘制书房手绘表现图 2 幅。

第四节 厨房和卫生间设计

一、厨房设计

厨房是烹饪菜肴的场所，优雅、舒适的厨房不仅可以缓解烹饪时的辛劳，还能带给人美的享受。现代厨房已经逐步走向科技化和智能化。风格各异、用途广泛的厨房已成为家居空间一道靓丽的风景线。

厨房设计的原则是减轻烹饪时的疲劳感，营造舒适、安逸的备餐环境。厨房内的家具布置要舒适有序、科学合理，厨房设计的最基本概念是"三角形工作区域"，即将洗菜水池、冰箱储物区和烹饪灶台安放在一个等边三角形的区域，相隔不超过 1 m，这样可以大大提高厨房工作效率。橱柜工作台面高 800～850 mm，工作台面与吊柜底的距离为 500～600 mm，放双眼灶的炉灶台面高度不超过 600 mm。

厨房的布局一般有单边形、L 形、U 形和岛形等几种类型。单边形适用于较小的空间，是一种单边靠墙式的布局，它把存储区域、洗涤区域和烹调区域配置在同一面墙边上，可以节约空间，其缺点是工作效率低下。L 形是将存储区域、洗涤区域和烹调区域设置于两墙相接的位置，呈 90°。此种布局不仅可以节约空间，还能有效地提高工作效率，是较普遍、经济的一种厨房布局。U 形是厨房布局中最为理想和完善的形式。它将存储区域、洗涤区域和烹调区域按照 U 形依次设置，使三角形的工作区域得到完美体现，可以使厨房的工作效率大大提高，使操作路线流畅，劳动强度降低，但这种形式要求空间宽度不小于 2.5 m。岛形是沿厨房四周设置橱柜，在厨房中央设置"中心岛"的布局，这个"中心岛"一般布置为小餐桌、小酒吧台或料理台等，此种形式要求厨房面积不小于 15 m²。

厨房的整体色彩以素雅为主，以便衬托出菜肴的色彩。橱柜面板色彩则可相对艳丽，以营造出活泼、热情的烹饪环境。厨房地面宜用防滑、易清洗的陶瓷地砖。厨房的整体材料都应具有防火、抗热、易清洗的功能。

厨房手绘表现如图 3-41～图 3-43 所示（更多精美图片可通过加阅平台欣赏）。

图 3-41 厨房手绘表现（1）
（李剑平 作）

图 3-42　厨房手绘表现（2）（林壮荣　作）

图 3-43　厨房手绘表现（3）（胡华中　作）

二、卫生间设计

卫生间是家庭生活设计中个人私密性最高的场所，也是缓解疲劳、舒展身心的地方。现代化的卫生间集休闲、保健、沐浴和清洗于一体，在优美的环境中让人的身心得到放松。

卫生间的功能分区主要有沐浴区、洗刷区域和便池区。沐浴区的标准尺寸是900 mm×900 mm，可用玻璃或浴帘将其隔成独立空间，以便起到隐避和防水的作用。沐浴区的形状常见的有长方形、正方形和半圆形三种。沐浴区还应设置相应的花洒插头、毛巾架、洗浴用品放置架等五金构件。沐浴区也常做成浴缸的形式，浴缸的常见尺寸为 2 000 mm×600 mm。现代沐浴区也常用大型的按摩浴缸、光波浴缸等。先进的按摩浴缸利用集束状的水柱对人体的各个部位进行按摩，起到活化细胞、加速血液循环的保健功能。洗刷区域包括洗手台、洗手盆、水龙头、毛巾架、化妆镜、镜前灯等。洗手台高度为 750 mm～800 mm，单个洗手台的尺寸为 1 200 mm×600 mm。洗手盆可选择面盆和底盆两种形式。洗手台台面和洗手盆常用的材料为玻璃和天然石材，其防水效果好，透明感和清凉感强。便池区设置坐便器和小便器，放置坐便器的区域，其左右宽度不小于 750 mm。

卫生间设计时应尽量采用防水、防滑和防潮的材料，整体色调以素雅的灰色、白色为主，营造出宁静、简约的环境。由于在卫生间活动时皮肤裸露较多，因此要求卫浴洁具尽量采用光滑、圆角的设计，避免擦伤和划伤皮肤。卫生间内如果空间条件允许可布置绿化，这样可以使沐浴环境更加自然、休闲。卫生间的墙面多为瓷砖，可在腰线处布置花瓷砖以减少单调感。卫生间的照明亮度要求不高，可采用间接照明。

卫生间手绘表现如图 3-44～图 3-46 所示（更多精美图片可通过加阅平台欣赏）。

图 3-44　卫生间手绘表现（1）（翁乐丹　作）

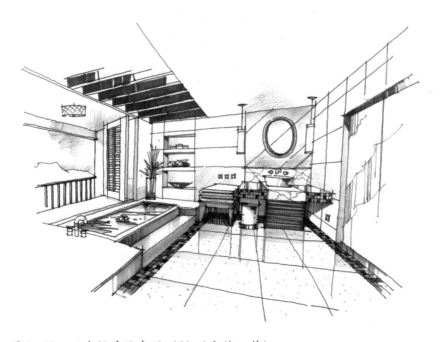

图 3-45　卫生间手绘表现（2）（文健　作）

镜子可以做成镜盒的形式，还可以通过暗藏光丰富空间层次

卫生间由于湿气较重，吊顶材料常用室外防水漆

墙面的釉面砖采用400 mm×800 mm的大型号，可以使墙面看上去更加整体、大气

大玻璃开窗设计使室外景观融入室内，增强了泡澡时的情趣

带有花瓣图案的装饰釉面砖可以极大地提升空间的装饰美感

坐便器设置在洗澡间内可以节约空间，实现功能的优化配置

图3-46　卫生间手绘表现（3）（梁志天　作）

 习题

1. 绘制厨房手绘表现图2幅。
2. 绘制卫生间手绘表现图2幅。

第四章 商业空间手绘效果图快速表现技法

第一节　办公空间手绘表现

一、办公空间的分类

办公空间按使用性质可分为：政府行政办公空间，企事业办公空间，商业贸易公司办公空间，邮政和电信公司办公空间，金融、证券和投资公司办公空间，科研机构办公空间，设计及咨询机构办公空间，计算机及信息服务机构办公空间等。

办公空间按办公模式可分为：金字塔形办公模式，如行政办公机构；流水线型办公模式，如银行金融系统办公机构；综合型办公模式，如社会保险办公机构。

二、办公空间的功能构成

各类办公空间的功能主要由以下几个部分构成。

（1）主要办公空间：是办公空间的核心，分为小型办公空间、中型办公空间和大型办公空间三种。小型办公空间的私密性和独立性较好，面积为 40 m^2 左右，适合专业管理型的办公需求；中型办公空间对外联系方便，内部联系密切，面积为 50～150 m^2，适合组团型的办公方式；大型办公空间既有一定的独立性又有较为密切的联系，各部分的分区相对灵活自由，面积为 150 m^2 以上，适合各个组团共同作业的办公方式。

（2）公共接待空间：主要指用于办公楼内进行聚会、展示、接待和会议等活动需求的空间。包括接待室、会客室、会议室及各类展示厅、资料阅览室、多功能厅等。

（3）交通空间：主要指用于交通的空间，分为水平交通空间和垂直交通空间。水平交通空间指门厅、大堂、走廊和电梯厅等空间；垂直交通空间指电梯、楼梯和自动扶梯等。

（4）配套服务空间：为主要办公空间提供服务的辅助空间。包括资料室、档案室、文印室、计算机机房、员工餐厅、茶水间、卫生间、空调机房、电梯机房、保卫监控室、后勤管理办公室等。

三、办公空间设计

1. 办公室的基本布置类型

（1）小单间办公室的布置。该类办公室面积一般较小，配置设施较少，空间相对封闭，办公环境安静，干扰少，但同其他办公组团联系不便。其典型形式是由走道将大小近似的中、小空间结合起来。通常有传统的间隔，还可根据需要把大空间重新分隔为若干小单间办公室。

（2）中、大型敞开式办公室的布置。该类办公室面积较大，空间宽阔且无封闭分隔，各员工的办公位置根据工作流程组合在一起，各工作单元及办公组团内联系密切，办公设施及设备较为完善，工作效率高。该类办公室交通面积较少，存在一定的相互干扰问题。其布局形式按几何形式整齐排列。

（3）单元型办公室的布置。该类办公室一般位于商务出租办公楼中，其室内空间按办公的需要可分隔成接待区、大小不同的办公区和会议室等。该类办公室在设计上往往具有强烈的个性特征，能充分展现公司的形象。

（4）公寓型办公室的布置。该类办公室是类似公寓单元的办公组合方式，其主要特点是将办公、接待和生活服务设施集体安排在一个独立的单元中。该类办公室具有公寓（居住）及办公（工作）的双重特征，除办公区、接待会议区、茶水间和卫生间外，还配备卧室和其他空间。

2. 办公室的面积使用要求

办公室的使用面积应包括各工作部门员工的办公设备、资料柜、文件柜和不同部门之间的通道，以及来访客人的座谈处和咨询处等。办公室所需使用面积可按以下面积指标设计。

① 最高级主管人员 30 ～ 60 m²/人；

② 初级主管人员 9 ～ 20 m²/人；

③ 管理人员 8 ～ 10 m²/人；

④ 使用 1.5 m 办公桌的工作人员 5 m²/人，使用 1.4 m 办公桌的人员 4.5 m²/人，使用 1.3 m 办公桌的工作人员 4 m²/人。

另外，当工作人员的办公桌并排排列时，可节约出许多空间，这些节约出的空间可以用于增加档案柜和桌边椅。使用 L 形的家具作为工作桌可比标准办公桌有更高的工作面。

3. 办公空间设计时应注意的问题

办公空间设计的宗旨是创造一个良好的办公环境。一个成功的办公空间设计，需要认真考虑平面功能布置、采光与照明、空间界面处理、色彩的选择、家具与空间氛围的营造等问题。

① 平面功能的布置应充分考虑家具及设备的尺寸，以及人员使用家具及设备时必要的活动尺度。

② 根据通风管道及空调系统的使用，按人工照明和声学方面的要求，办公空间的室内净高一般在 2.4 ～ 2.6 m。使用空调的办公空间净高不低于 2.4 m；智能化办公空间净高——甲级 2.7 m，乙级 2.6 m，丙级 2.5 m。

③ 办公空间室内界面处理宜简洁、大方，着重营造空间的宁静气氛。应考虑到便于各种管线的铺设、更换、维护和连接等需求。隔断或屏风不宜太高，要保证空间的连续性。

④ 办公空间的室内色彩设计宜朴素、淡雅，各界面的材质选择应便于清洁，室内照明一般采用人工照明和混合照明的方式来满足工作的需求。

⑤ 要综合考虑办公空间的物理环境，如噪声控制、空气调节和遮阳隔热等问题。

办公空间手绘表现如图 4-1 ～图 4-9 所示。

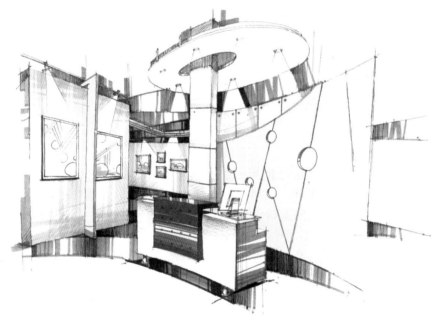

图 4-1　办公空间前台手绘表现（1）（文健　作）

图4-2　办公空间前台手绘表现（2）（学生作品）

图4-3　办公空间经理室手绘表现（1）（广州集美组　作）

图4-4 办公空间经理室手绘表现（2）（广州集美组 作）

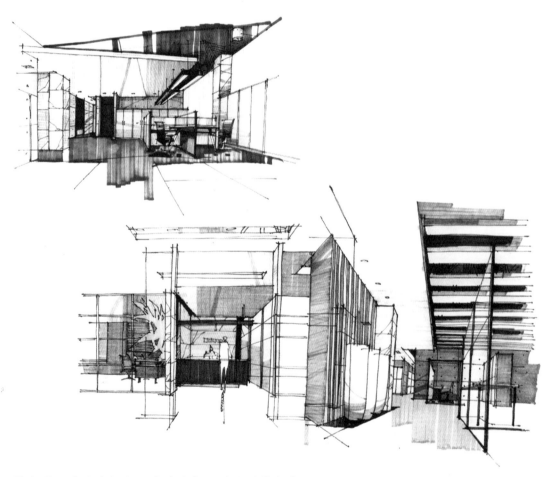

图4-5 办公空间经理室手绘表现（3）（学生作品）

图 4-6　办公空间员工区手绘表现（学生作品）

图 4-7　办公空间会议室手绘表现（1）（文健　林壮荣　作）

图 4-8　办公空间会议室手绘表现（2）（广州集美组　作）

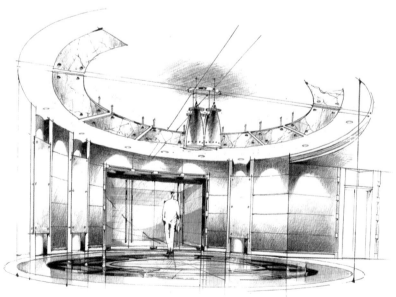

图 4-9　办公空间电梯间手绘表现（广州集美组　作）

1. 绘制办公空间前台手绘表现图 2 幅。

2. 绘制办公空间经理室手绘表现图 2 幅。

3. 绘制会议室手绘表现图 1 幅。

第二节　餐饮空间手绘表现

一、餐饮空间的分类

餐饮空间的经营内容非常广泛，不同的民族或处于不同的地域，其饮食习惯也不相同。按经营内容餐饮空间可分为中式餐厅、西式餐厅、宴会厅、快餐厅、酒吧与咖啡厅、风味餐厅和茶室等。

按经营性质餐饮空间可分为营业性餐饮空间和非营业性餐饮空间。营业性餐饮空间指各式餐馆、酒楼和茶室，其顾客性质和营业时间不固定，供应方式为服务员送餐到位和自助。非营业性餐饮空间指机关、学校和厂矿等企事业单位设置的员工食堂、学生餐厅等，其就餐人数和时间相对固定，供应方式多为自购或自取，服务员较少。

按规模大小餐饮空间可分为小型餐饮空间、中型餐饮空间和大型餐饮空间。小型餐饮空间指 100 m²以内的餐饮空间，此类空间功能较简单，主要着重于室内气氛的营造。中型餐饮空间指 100～500 m² 的餐饮空间，此类空间功能较复杂，除了加强环境气氛的营造之外，还要进行功能分区、流线组织和界面围合处理。大型餐饮空间指 500 m² 以上的餐饮空间，这类空间功能复杂，应特别注重功能分区和流线组织。由于经营管理的需要，大型餐饮空间一般还需设置可灵活分隔空间的隔扇、屏风和折叠门等，以提高使用率。

二、餐饮空间设计时应注意的问题

（1）餐饮空间的面积可根据餐厅的规模与级别来综合确定，一般按 1.0～1.5 m²/座来计算。餐厅面积指标的确定要合理，指标过小，会造成拥挤、堵塞；指标过大，会造成面积浪费、利用率不高和增大工作人员的劳动强度等问题。

（2）营业性的餐饮空间应有专门的顾客出入口、休息厅、备餐间和卫生间。

（3）就餐区应紧靠厨房设置，但备餐间的出入口应处理得较为隐蔽，同时还要避免厨房气味和油烟进入就餐区。

（4）顾客用餐活动路线与送餐服务路线应分开，避免重叠。同时还要尽量避免主要流线的交叉，送餐服务路线不宜过长（最大不超过 40 m），并尽量避免穿越其他用餐空间。在大型的多功能厅或宴会厅应以备餐廊代替备餐间，以避免送餐路线过长。

（5）大型餐饮空间中应以多种有效的手段（如绿化、屏风等）来划分和限定各个不同的用餐区，以保证各个区域之间的相对独立和减少相互干扰。

（6）餐饮空间设计应注意装饰风格与家具、陈设及色彩的协调。地面应选择耐污、耐磨、易于清洁的材料。

（7）餐饮空间设计应营造出宜人的空间尺度、舒适的通风和采光等物理环境。

三、餐饮空间环境气氛的营造

1. 色彩

餐饮空间的色彩多采用暖色调，以达到增进食欲的目的。不同风格的餐饮空间其色彩搭配也不尽相同。中式餐饮空间常用熟褐色、黄色、大红色和灰白色，营造出稳重、儒雅、温馨、大方的感觉；西式餐饮空间多采用粉红、粉紫、淡黄、赭石和白色，有些高档西餐厅还施以描金，营造出优雅、浪漫、柔情的感觉；自然风格的餐饮空间多选用天然材质，如竹、石、藤等，给人以自然、休闲的感觉。

2. 光环境

餐饮空间的光环境大多采用白炽光源，极少采用彩色光源，这是由于白色光源具有较强的显色性，可以更好地突出食物的颜色。餐饮空间的照明可分为以下三类。

（1）直接照明光。直接照明光的主要功能是为整个餐饮空间提供足够的照度。这类光可以通过吊灯、吸顶灯和筒灯来实现。

（2）反射光。反射光主要是为衬托空间气氛、营造温馨浪漫的情调而设置的。这类光主要通过各类反射光槽来实现。

（3）投射光。投射光的主要功能是用来突出墙面重点装饰物和陈设品。这类光主要通过各类射灯来实现。

3. 陈设

室内陈设的布置与选择也是餐饮空间设计的重要环节。室内陈设包括字画、雕塑和工艺品等，应根据设计需要精心挑选和布置，营造出空间的文化氛围，增加就餐的情趣。

4. 绿化

绿化是餐饮空间设计中必不可少的内容，可以为整个餐饮空间带来清新、舒适的感觉，增强空间的休闲效果。

5. 室内景观

为了表达某个主题在餐饮空间中，经常设计一些带有某种寓意或情调的景观，用以活跃空间气氛。

餐饮空间手绘表现如图 4-10 ～图 4-16 所示。

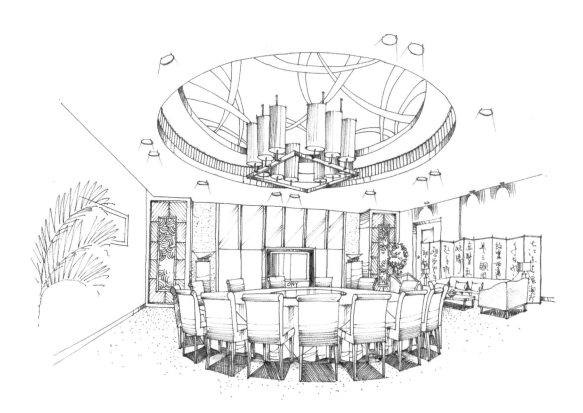

图 4-10　餐厅包房手绘表现（文健　林壮荣　作）

图 4-11 餐厅手绘表现（1）（广州集美组 作）

图4-12　餐厅手绘表现（2）（广州集美组　作）

图4-13　餐厅手绘表现（3）（文健　作）

图 4-14　餐厅手绘表现（4）（陈扬　作）

图 4-15　餐厅手绘表现（5）（杨斌　作）

图 4-16　餐厅手绘表现（6）（沙沛　作）

1. 绘制中餐厅手绘表现图 2 幅。
2. 绘制西餐厅手绘表现图 2 幅。

第三节　娱乐空间手绘表现

娱乐空间包括夜总会、舞厅、KTV 包房和酒吧等，是人们工作之余休闲和娱乐的场所。下面主要从舞厅空间的设计来阐述娱乐空间的设计方法。

一、舞厅的类型及特点

舞厅从功能上可以分为交谊舞厅、迪斯科舞厅和卡拉 OK 舞厅。交谊舞厅主要满足歌舞表演和跳交谊舞的需要，有较大的舞池和宽松的休息区，装饰风格端庄典雅，造型规整大方；迪斯科舞厅是现代社会较流行的一种刺激性较强的舞厅，其布局灵活多变，风格现代、时尚，造型和色彩夸张、怪异；卡拉 OK 舞厅以视听为主，主要满足客人表演和自娱自乐的需要，装饰风格简约、自然。

二、舞厅的功能与布局

舞厅主要由办公区、歌舞表演区、休闲区和服务区四个区域组成。其中，歌舞表演区和休闲区是舞厅的主体，占据较大面积，使用功能要求高，是舞厅设计的重点。舞厅的功能分析如图 4-17 所示。

舞厅的布局主要由四个因素决定：一是原建筑的形状、大小和结构；二是舞厅本身的功能需求；三是舞厅的类别；四是舞厅的风格。这些因素决定了舞厅的布局具有丰富多彩的形式。

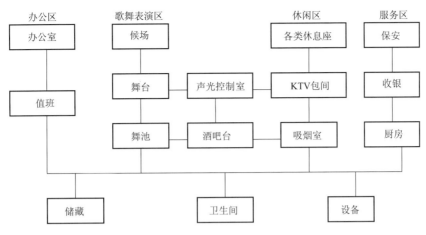

图 4-17　舞厅的功能分析图

三、舞厅空间设计

1. 歌舞表演区的设计

舞厅以交谊舞、迪斯科等娱乐活动为主，有时也举行一些唱歌、乐器演奏、舞蹈和时装表演。舞台和舞池是进行这些活动的主要区域，是舞厅吸引消费者的主要场所。舞台和舞池紧密相连，舞台的朝向和面积决定了舞池的大小和方位，而舞池的形状和大小又影响着休闲区和服务区的布置形式。因此，舞台和舞池的布置是舞厅设计的关键。

舞台和舞池的形状和造型灵活多变，色彩鲜艳、刺激，材料时尚、新颖。其形式主要有升降式、旋转式和交错式等，舞台和舞池的灯光设计尤为重要，各种色彩艳丽并具有激光效果的灯光，是营造舞厅气氛的重要手段。

2. 休闲区的设计

休闲区是消费者观赏歌舞、交谈休息和喝茶饮酒的区域，该区域要求相对独立，具有一定的私密性，可通过座椅的局部围合来实现，也可运用简易的隔断来划分。同时，休闲区要求视线良好，不要有太多阻碍，设计时一般将休闲区布置在舞台和舞池的周边。休闲区的座位一般用半圆形的休闲椅，座位中间设置茶几。

3. 声光控制室的设计

声光控制室也称 DJ 室，是控制舞厅光线和音响效果的场所，起着调节舞厅气氛的作用。舞厅布置时应注意 DJ 室的位置选择，应保证 DJ 室能较全面地观察到舞池，从而能根据现场情绪调整音响和灯光效果。

4. 酒吧台的设计

舞厅中所设的酒吧台，主要为消费者提供酒水和饮料。考虑到营业和消费的方便，一般设在入口或休闲区附近。

常见的酒吧台的形状有单边形、L 形和 S 形等，也可以设计出许多有趣的形状，如船形、吉他形等。

舞厅手绘表现如图 4-18 ～图 4-22 所示。

图4-18 舞厅手绘表现（1）（广州集美组 作）

图 4-19　舞厅手绘表现（2）（广州集美组　作）

图 4-20　舞厅手绘表现（3）（学生作品）

图 4-21　KTV 包房手绘表现（1）（学生作品）

图 4-22　KTV 包房手绘表现（2）（陈扬　作）

1. 绘制舞厅手绘表现图 2 幅。
2. 绘制 KTV 包房手绘表现图 2 幅。

第四节　优秀商业空间手绘作品欣赏

优秀商业空间手绘作品如图 4-23 ～图 4-43 所示。

图 4-23　商业街手绘表现（1）（广州集美组　作）

图 4-24 商业街手绘表现（2）（广阔 作）

图 4-25 展厅手绘表现（1）（沙沛 作）

图 4-26 展厅手绘表现（2）（林文冬 翁乐丹 作）

图 4-27 展厅手绘表现（3）（陈扬 作）

图 4-28　餐厅包间手绘表现（学生作品）

图 4-29　会所大堂手绘表现（1）（陈扬　作）

图 4-30　会所大堂手绘表现（2）（陈扬　作）

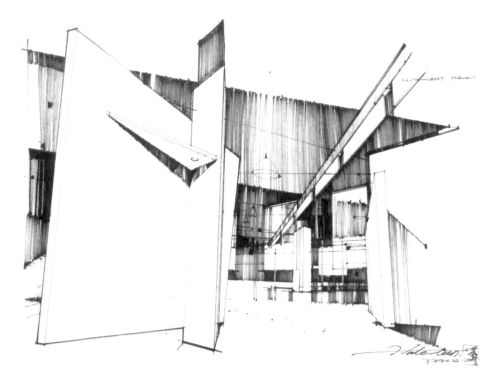

图 4-31　会所大堂手绘表现（3）（李小霖　作）

图 4-32 欧式会所手绘表现（周峻岭　作）

图 4-33 KTV 包房手绘表现（学生作品）

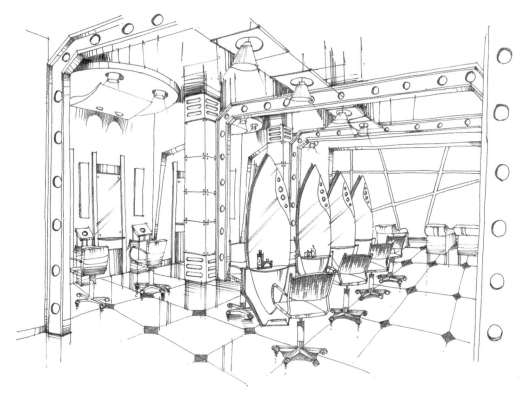

图 4-34　理发店手绘表现（文健　林壮荣　作）

图 4-35　茶艺馆手绘表现（陈扬　作）

图 4-36　商场手绘表现（1）（幺冰儒　作）

图 4-37　商场手绘表现（2）（杨健　作）

图 4-38 商场手绘表现 (3) (杨健 作)

图 4-39 接待厅手绘表现（广州集美组 作）

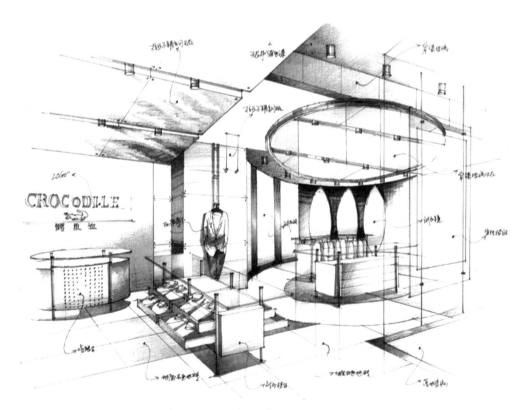

图 4-40 服装专卖店手绘表现（刘书良 作）

图4-41　酒店客房手绘表现（佚名　作）

图 4-42　宾馆大堂手绘表现（1）（广州集美组　作）

图 4-43　宾馆大堂手绘表现（2）（张志峰　作）

第 五 章

手绘效果图快速表现技法的创作

第一节 手绘立面造型创作表现

艺术设计创作是一项主观性很强的个体创造行为。作为这种行为主要承担者的设计师应该具有全新的设计理念、独特的设计眼光、广博的知识面和精深的艺术修养。

手绘效果图快速表现技法的创作也属于艺术设计创作的范畴，它要解决的首要问题就是立面造型的创作。因为立面是人进入室内空间后最容易观察到的地方，是室内空间装饰的重点。围合室内空间的立面中，往往会有一个立面在造型、材质和色彩等形式美感方面比其他几个面更加突出，这个重要的立面就是整个室内空间的视觉中心，也是整个室内空间装饰效果的核心部分。对于这个主立面可以按照以下形式美感的法则来进行设计。

1. 对称

对称是指沿中轴线使两侧的形象相同或相近。对称是一种经典的形式设计手法，它已经深深地根植于人们的审美意识中，可以制造出稳重、庄重、均衡、协调的效果。古希腊哲学家毕达哥拉斯曾说："美的线型和其他一切美的形体都必须有对称形式。"

2. 重复

重复是指相同或相似的形象连续反复地出现。重复可以使形象更加和谐、统一，表现出节奏美和韵律美。

3. 均衡

均衡是指按照力学原理，使形象在视觉上达到平衡、协调效果的设计手法。均衡可以使形象更加稳定、和谐。均衡可以通过物体形、色、质的合理分配来实现。

4. 对比

对比是指使形象之间产生明显差异的设计手法。对比可以使主体形象更加突出，视觉中心更加明确。对比可以通过大小、凹凸、方圆、曲直、深浅、软硬等形式表现出来。

5. 呼应

呼应是指使形象之间产生某种联系或协调关系的设计手法。呼应可以分为形的呼应和色的呼应。形的呼应是指形体之间的协调、对应关系，如圆形的天花造型与地面圆形的大理石拼花之间的呼应；色的呼应是指色彩之间的协调、对应关系，如红色的墙面漆与红色陈设物之间的呼应。呼应可以强化主体形象，加强形象之间联系，使形象更加整体、协调。

6. 渐变

渐变是指形象按照一定的规律逐渐变化的设计手法。渐变可分为形状渐变、大小渐变、方向渐变、位置渐变、骨骼渐变和色彩渐变。渐变可以增强形象的秩序感和节奏感，打破呆板的构图形式。

7. 解构

解构是指运用创新的设计理念来分解和重组形体，创造新形象的设计手法。解构可以打破传统的均衡构图形式，使形象更加奇特、新颖，充满活力。

8. 仿生

仿生是指仿造自然界中的动植物形象，创造出新形象的设计手法。仿生设计可以满足人们回归自然的心理需求，增强形象的生动感和趣味感。

手绘立面造型创作表现如图5-1～图5-15所示。

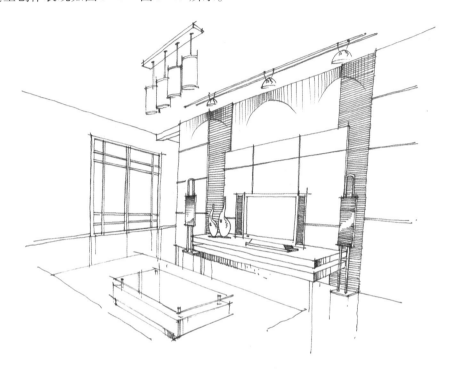

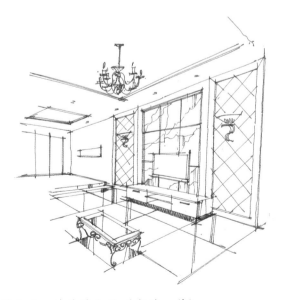

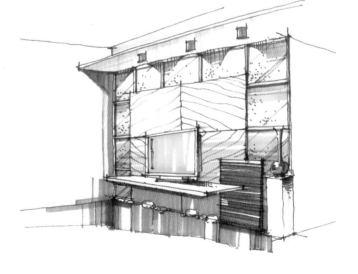

图5-1　对称的立面（文健　作）

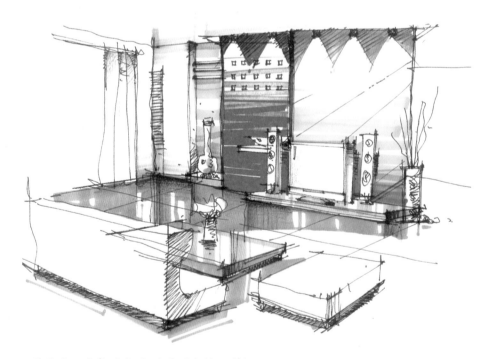

图5-2 重复的立面（1）（文健 作）

图5-3 重复的立面（2）（学生作品）

图5-4 均衡的立面（1）（文健 作）

图 5-5 均衡的立面 (2) (李剑平 作)

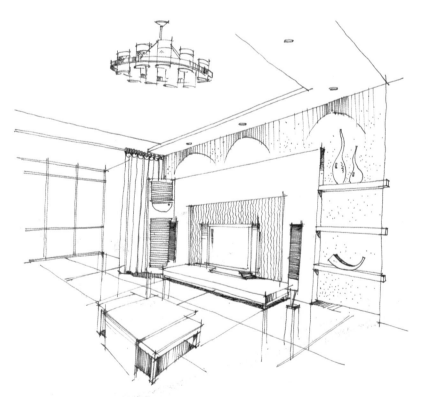

图 5-6 大小对比的立面 (1) (文健 作)

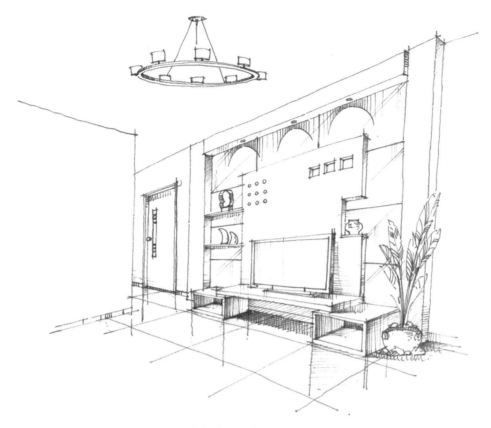

图 5-7　大小对比的立面（2）（文健　作）

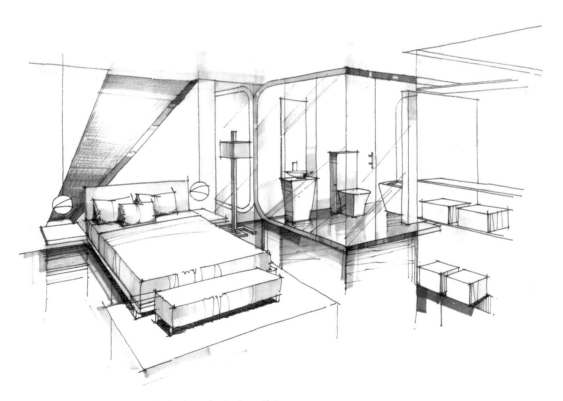

图 5-8　形状对比的立面（文健　李元昀　作）

图 5-9　质感对比的立面（1）（文健　作）

图 5-10　质感对比的立面（2）（胡华中　作）

图 5-11　呼应的立面（广州集美组　作）

图 5-12　解构的立面（文健　周璐　作）

图 5-13 仿生的立面（1）（文健 作）

图 5-14 仿生的立面（2）（文健 周璐 作）

图 5-15　仿生的立面（3）（文健　周璐　作）

1. 绘制 2 幅对称的立面手绘表现图。
2. 绘制 2 幅重复的立面手绘表现图。
3. 绘制 2 幅对比的立面手绘表现图。
4. 绘制 2 幅仿生的立面手绘表现图。

第二节　手绘风格创作

室内设计风格是室内设计作品中体现出来的独特艺术特色和个性特征，是不同的时代思潮和地区特点通过人们的创作构思逐渐发展而成的具有代表性的室内设计形式。室内设计风格往往呈现出多元化的特点，与建筑、绘画和家具的发展紧密相连。

伴随着我国经济的飞速发展，人民生活水平不断提高。室内设计改造了人们的生活方式，创造了新的生活理念，越来越受到人们的关注，成为人们生活中的一个热点。人们会根据自己的喜好，提出各种各样的要求，也就是要求室内空间有自己独特的风格和品位。设计师应根据业主的要求定位自己的设计，设计出既符合业主意愿，又具有历史文化积淀、有特色、有品位的室内环境。历史上众多的室内设计风格与流派，为室内设计师提供了大量的案例和素材，丰富了室内设计师的设计思维。

目前室内设计的发展已相对成熟，在对空间形态、陈设艺术和装饰艺术等审美要素的不断更新过程中，出现了众多的经典样式和室内设计风格，具有代表性的主要有以下几种。

一、中式风格

中式风格是一种以中国传统文化为核心，体现中国传统家居文化和设计理念的风格样式。中式风格的室内设计融合了庄重和优雅的双重品质，营造出自然、朴实、亲切、简单却极富内涵的空间效果。中式风格的室内多采用对称式的布局方式，信守均衡原则，造型简单朴素，色彩稳重而成熟。中式风格室内空间结构以木构架为主，室内家具也多采用上等木料。木材是中式风格家居最常用的材料，因为木质象征生命，而中国文化十分强调生命的感觉。中国传统室内陈设包括字画、盆景、瓷器、古玩、屏风等，追求一种修身养性的生活境界。中式风格较适合性格沉稳、喜欢中国传统文化的人。

二、欧式风格

欧式风格是一种以欧洲传统家居装饰文化和设计理念为主的风格样式。欧式风格具有尊贵、典雅、豪华的特点，追求华丽、精致的装饰效果，营造出凝重、高雅的气氛。

欧式风格室内空间也常采用对称式的布局方式，体现出庄重、沉稳的空间效果。欧式风格室内空间还具有开放性、流动性、连续性和舒展性的特点，显得大气磅礴、雍容华贵。欧式风格室内造型繁复，精雕细刻，常采用石膏装饰线条、木装饰线条、大理石、墙布等材料。欧式风格的家具与室内陈设做工考究，材料上乘，雕刻精美，给人以奢华、气派的感觉。欧式风格深沉里显露着尊贵，典雅里透着豪华，是成功人士家居风格的首选。

三、现代简约风格

现代简约风格是一种将设计简化到本质，从而强调其内在魅力的风格样式。现代简约风格的特点有：
① 简化室内装饰要素，空间只具备必要的功能性，使空间视觉放松；
② 遵循"少即是多"的设计原则，舍弃不必要的装饰元素，追求时尚和现代的简洁造型；
③ 主张在有限的空间内发挥最大的使用效能，在家具的选择上强调形式服从功能，一切从实用出发。

现代简约风格满足了人们对空间环境那种感性的、本能的和理性的需求，用最简化的装饰语言体现出了工业化社会生活的精致与个性，符合现代人的生活品位。现代简约风格较适合思想现代、观念时尚的精英白领阶层人士。

四、自然风格

自然风格是一种使用自然有机材料（如木材、石材等）来达到设计效果的风格样式。自然风格的设计满足了现代社会中人们渴望亲近自然、返璞归真的生活需求，营造出一个朴实、优雅、舒适、恬静的家居空间。

自然风格的家居空间中常采用木纹清晰的家具，给人以质朴、随意、自然的感觉。此外，粗糙的文化石墙面、具有肌理效果的仿古地砖，也是自然风格的家居空间中经常使用的材料，它们为空间增添了几分原始的美感。

自然风格的家居空间设计较适合崇尚自然、倡导休闲生活方式的人士。

各种风格的手绘空间表现如图5-16～图5-26所示（更多精美图片可通过加阅平台欣赏）。

图5-16　中式风格手绘空间表现（1）（叶晓燕　作）

图 5-17　中式风格手绘空间表现（2）（学生作品）

图 5-18　中式风格手绘空间表现（3）（文健　国娟　作）

图 5-19 欧式风格手绘空间表现 (1) (唐小秋 作)

图 5-20 欧式风格手绘空间表现 (2) (梁丽丽 作)

图 5-21　欧式风格手绘空间表现（3）（官凌云　作）

图 5-22　欧式风格手绘空间表现（4）（学生作品）

图 5-23　现代简约风格手绘空间表现（1）（文健　周璐　作）

图5-24 现代简约风格手绘空间表现（2）（赵睿 作）

图5-25 现代简约风格手绘空间表现（3）（梁志天 作）

图 5-26 自然风格手绘空间表现（文健 林秋华 作）

1. 绘制 2 幅中式风格手绘空间表现图。
2. 绘制 2 幅欧式风格手绘空间表现图。
3. 绘制 2 幅现代简约风格手绘空间表现图。
4. 绘制 2 幅自然风格手绘空间表现图。

第三节　优秀手绘创作方案欣赏

优秀手绘创作如图 5-27～图 5-48 所示。

图 5-27　广州陈总家居平面布置图（文健 林壮荣 作）

图 5-28　广州陈总家居客厅透视图（文健　林壮荣　作）

图 5-29　广州陈总家居主卧室透视图（文健　林壮荣　作）

图 5-30　广州陈总家居儿童卧室透视图（文健　林壮荣　作）

图 5-31　广州陈总家居书房透视图（文健　林壮荣　作）

图5-32 广州陈总家居厨房透视图（文健 林壮荣 作）

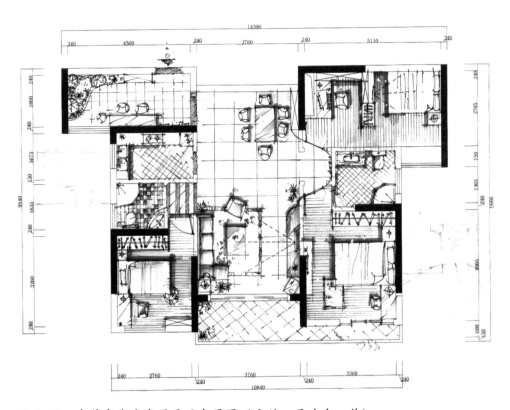

图5-33 东莞李先生家居平面布置图（文健 吴才金 作）

图 5-34　东莞李先生家居客厅透视图（文健　吴才金　作）

图 5-35　东莞李先生家居玄关透视图（文健　吴才金　作）

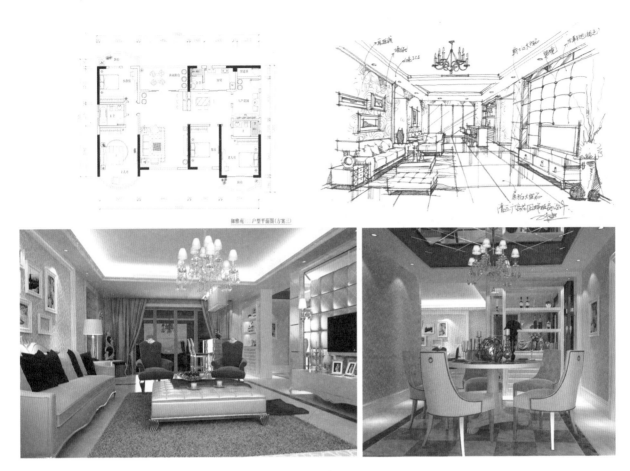

图 5-36　广东清远广信花园样板房设计（文健　作）

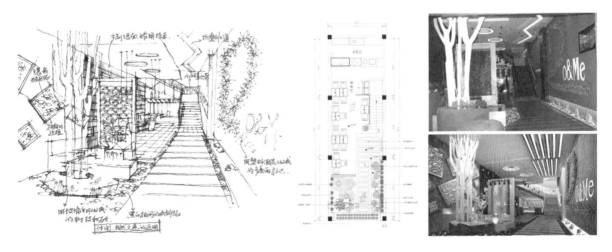

图 5-37　广东番禺多美丽快餐店设计（文健　作）

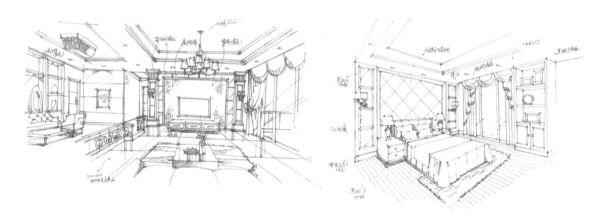

以欧式古典风格为主要设计风格,使空间具有庄重、典雅、高贵的气质,彰显出主人尊贵的品质和非凡的气度,以及对高品位生活的追求和崇尚

图5-38　广西南宁枫林南岸样板房设计（文健　作）

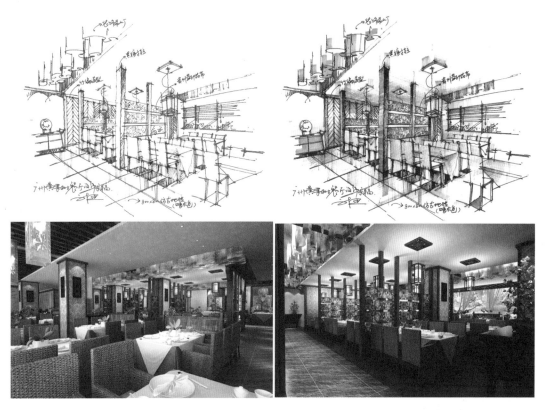

图 5-39　广州黄果树餐厅设计（文健　作）

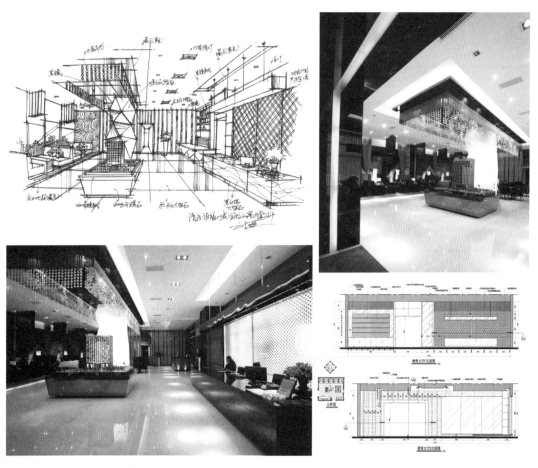

图 5-40　广东清远清华湾售楼部大堂设计（文健　作）

图 5-41　广东佛山天湖郦都花园样板房设计（文健　作）

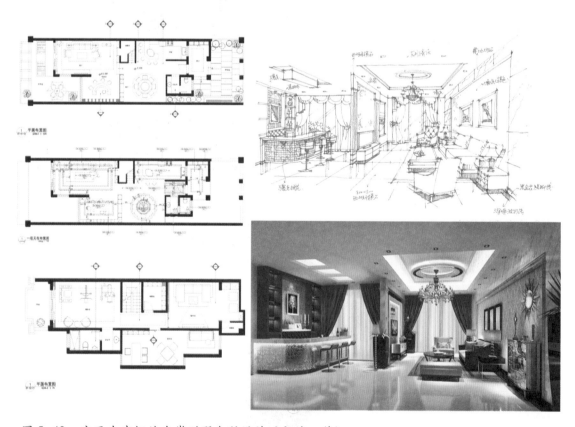

图 5-42　广西南宁枫林南岸别墅会所设计（文健　作）

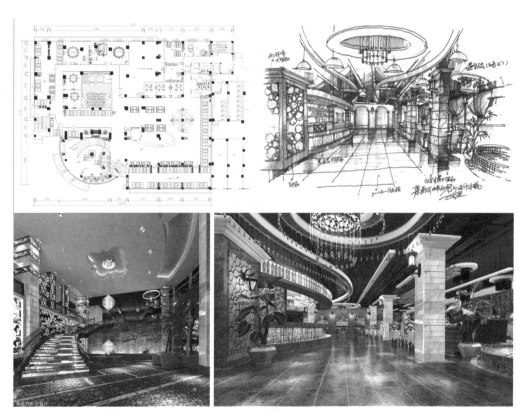

图 5-43　广西梧州莱茵河畔西餐厅设计（文健　作）

图 5-44　广州泮江酒家餐厅设计（文健　作）

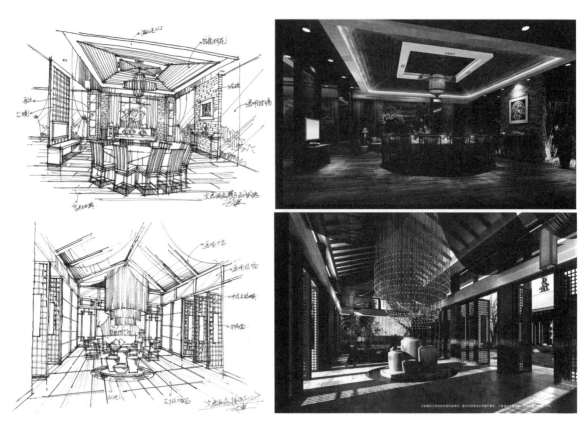

图 5-45　四川文君酒店设计（文健　作）

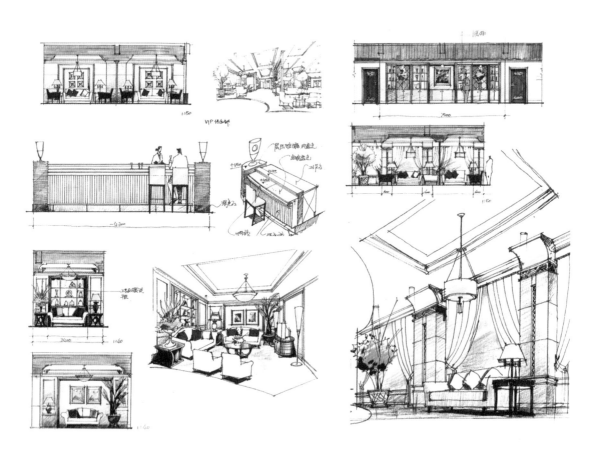

图 5-46　酒店概念设计（1）（广州集美组　作）

图 5-47 酒店概念设计（2）（广州集美组 作）

第 六 章

优秀手绘效果图作品欣赏

优秀手绘效果图如图6-1～图6-66所示（更多精美图片可通过加阅平台欣赏）。

图6-1　中式风格客厅手绘效果图（1）（沙沛　作）

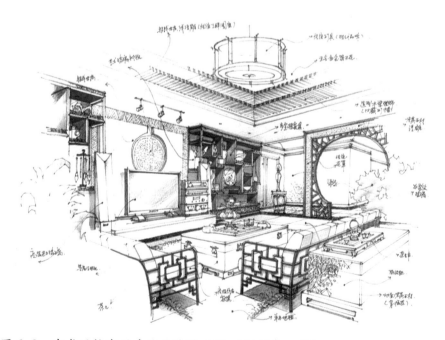

图6-2　中式风格客厅手绘效果图（2）（刘书良　作）

图 6-3　现代风格客厅手绘效果图（1）（王娟　作）

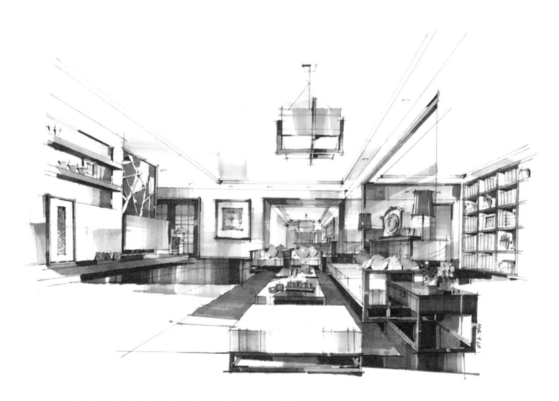

图 6-4　现代风格客厅手绘效果图（2）（谭立予　作）

图 6-5 现代风格客厅手绘效果图（3）（谭立予 作）

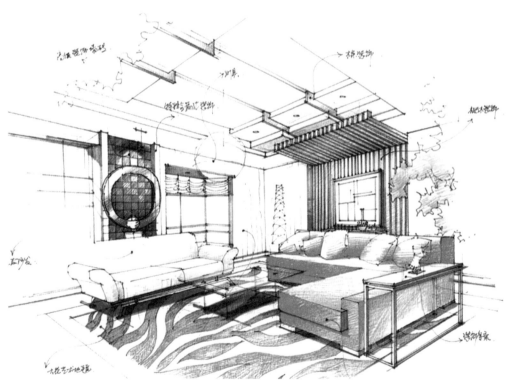

图 6-6 现代风格客厅手绘效果图（4）（刘书良 作）

图6-7 新古典风格客厅手绘效果图（伍华君 作）

图6-8 欧式古典客厅手绘效果图（广阔 作）

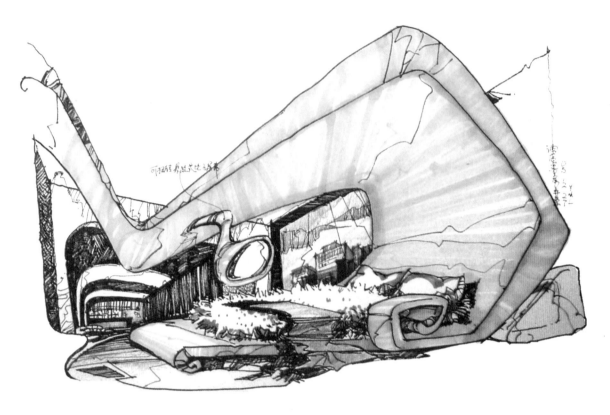

图 6-9　后现代风格卧室手绘效果图（袁铭栏　作）

图 6-10　新古典风格卧室手绘效果图（伍华君　作）

图 6-11　中式风格卧室手绘效果图（沙沛　作）

图 6-12　酒店大堂手绘效果图（林文冬　作）

图 6-13　现代风格餐厅手绘效果图（王娟　作）

图 6-14　欧式风格餐厅手绘效果图（岑志强　作）

图 6-15 西餐厅手绘效果图（陈红卫 作）

图 6-16 餐饮空间手绘效果图（1）（赵睿 作）

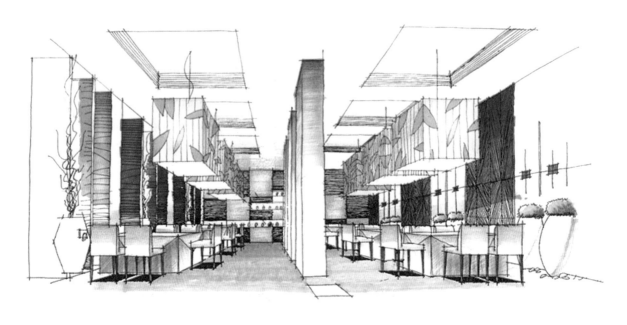

图 6-17　餐饮空间手绘效果图（2）（连柏慧　作）

图 6-18　餐饮空间手绘效果图（3）（严景明　作）

图 6-19　卧室手绘效果图（1）（陈春茂　作）

图 6-20　卧室手绘效果图（2）（文健　邓超林　作）

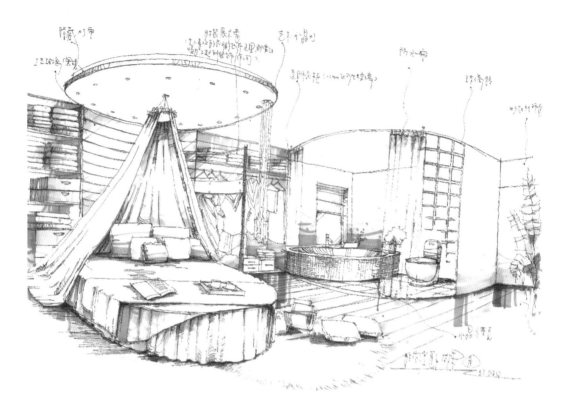

图 6-21　卧室手绘效果图（3）（陈春茂　作）

图 6-22　酒店手绘空间表现（幺冰儒　作）

图 6-23　景观手绘效果图（1）（夏克梁　作）

图 6-24　景观手绘效果图（2）（尚龙勇　作）

图 6-25 小区景观手绘效果图（1）（学生作品）

图 6-26　小区景观手绘效果图（2）（学生作品）

图 6-27 酒店餐厅包间手绘空间表现（陆守国 作）

图 6-28 酒店红酒会所手绘效果图（1）（梁志天 作）

图 6-29 酒店红酒会所手绘效果图（2）（梁志天 作）

对称的造型使空间更加稳定、庄重，斑马木饰面板特有的肌理质感丰富了空间的视觉语言

不锈钢框架与透明玻璃的组合，使空间更加硬朗和通透

刻花玻璃的装饰效果突出了视觉中心和主题

斑马木饰面板的材料与床头背景墙形成呼应

图 6-30 酒店客房手绘效果图（1）（梁志天 作）

图 6-31　酒店客房手绘效果图（2）（梁志天　作）

图 6-32　酒店客房卫生间手绘效果图（梁志天　作）

图 6-33　泰式风格客厅手绘效果图（学生作品）

图 6-34　田园风格餐厅手绘效果图（学生作品）

图 6-35　客厅手绘效果图（1）（陈春茂　作）

图 6-36　客厅手绘效果图（2）（潘俊杰　作）

图 6-37　客厅手绘效果图（3）（陈扬　作）

图6-38　公共空间手绘效果图（1）（连柏慧　作）

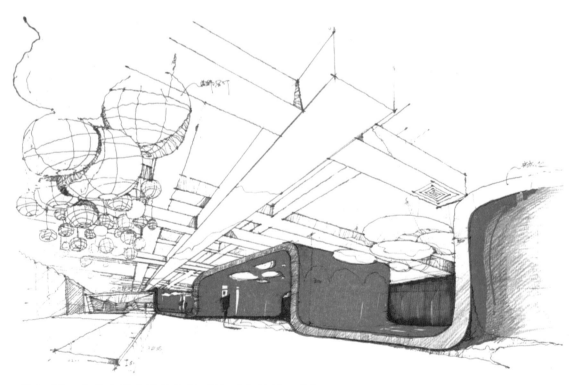

图6-39　公共空间手绘效果图（2）（袁铭栏　作）

图 6-40　公共空间手绘效果图（3）（袁铭栏　作）

图 6-41　公共空间手绘效果图（4）（文健　作）

图 6-42　商业空间手绘效果图（1）（沙沛　作）

图 6-43　商业空间手绘效果图（2）（广阔　作）

图 6-44　公共服务区手绘效果图（周峻岭　作）

图 6-45　商业街手绘效果图（广阔　作）

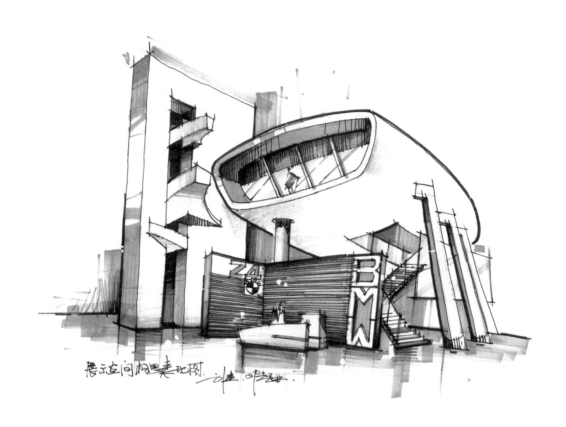

图 6-46　展示空间手绘效果图（文健　邓超林　作）

图 6-47　别墅外观手绘效果图（杜健　作）

图 6-48　别墅外观手绘效果图（2）（翁晓峰　作）

图 6-49　别墅外观手绘效果图（3）（文健　作）

图 6-50　别墅外观手绘效果图（4）（伦嘉良　作）

图 6-51　别墅外观手绘效果图（5）（陈倍　作）

图 6-52　别墅外观手绘效果图（6）（沙沛　作）

图 6-53　度假酒店手绘效果图（1）（陆守国　作）

图 6-54　度假酒店手绘效果图（2）（陆守国　作）

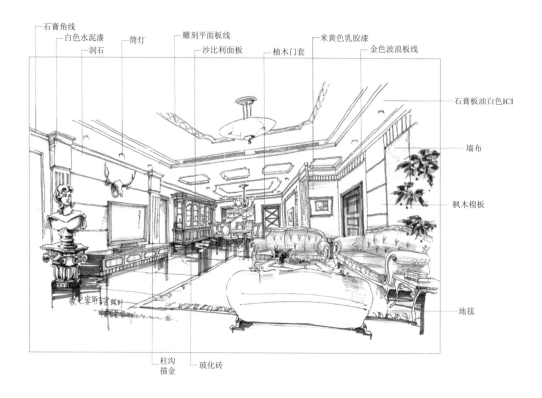

石膏角线　白色水泥漆　洞石　筒灯　雕刻平面板线　沙比利面板　柚木门套　米黄色乳胶漆　金色波浪板线　石膏板油白色ICI　墙布　枫木棉板　地毯

柱沟描金　玻化砖

图6-55　欧式别墅客厅手绘效果图（胡华中　作）

图6-56　别墅二层过道手绘效果图（文健　邓超林　作）

图6-57 广东湛江恒逸大酒店手绘效果图（刘冰 作）

图6-58 林语别墅四水归一样板间手绘效果图（杨斌 作）

图 6-59　林语别墅样板间手绘效果图（杨斌　作）

图 6-60　半山酒店夜总会欢乐街手绘效果图（陆守国　作）

图 6-61 东方桃苑客厅手绘效果图（辛冬根 作）

图 6-62 新华书店大堂手绘效果图（辛冬根 作）

参 考 文 献

［1］贡布里希．艺术发展史．范景中，译．天津：天津人民美术出版社，2006.
［2］王受之．世界现代建筑史．北京：中国建筑工业出版社，1999.
［3］王受之．世界现代设计史．广州：新世纪出版社，1995.
［4］陈易．室内设计原理．北京：中国建筑工业出版社，2006.
［5］邱晓葵．室内设计．北京：高等教育出版社，2002.
［6］张绮曼，郑曙旸．室内设计资料集．北京：中国建筑工业出版社，1991.
［7］李朝阳．室内空间设计．北京：中国建筑工业出版社，1999.
［8］霍维国，霍光．室内设计原理．海口：海南出版社，1996.
［9］李泽厚．美的历程．天津：天津社会科学院出版社，2001.
［10］史春珊，孙清军．建筑造型与装饰艺术．沈阳：辽宁科学技术出版社，1988.
［11］汤重熹．室内设计．北京：高等教育出版社，2003.
［12］朱钟炎，王耀仁，王邦雄，等．室内环境设计原理．上海：同济大学出版社，2003.
［13］许亮，董万里．室内环境设计．重庆：重庆大学出版社，2003.
［14］尹定邦．设计学概论．长沙：湖南科学技术出版社，2004.
［15］席跃良．设计概论．北京：中国轻工业出版社，2006.
［16］张月．人体工程学．北京：中国建筑工业出版社，2005.
［17］潘吾华．室内陈设艺术设计．北京：中国建筑工业出版社，2006.
［18］陆守国．今日手绘：陆守国．天津：天津大学出版社，2008.
［19］辛冬根．今日手绘：辛冬根．天津：天津大学出版社，2008.
［20］岑志强．今日手绘：岑志强．天津：天津大学出版社，2008.
［21］夏克梁．今日手绘：夏克梁．天津：天津大学出版社，2008.
［22］赵国斌．室内设计手绘效果图表现技法．福州：福建美术出版社，2006.
［23］俞雄伟．室内效果图表现技法．杭州：中国美术学院出版社，2004.
［24］吴晨荣，周东梅．手绘效果图技法．上海：东华大学出版社，2006.
［25］李强．手绘表现．天津：天津大学出版社，2005.
［26］李强．手绘设计表现．天津：天津大学出版社，2004.